Mathe macchiato

Werner Tiki Küstenmacher
Heinz Partoll · Irmgard Wagner

Mathe macchiato

Cartoon-Mathematikkurs für Schüler und Studenten

PEARSON
Studium

ein Imprint von Pearson Education
München · Boston · San Francisco · Harlow, England
Don Mills, Ontario · Sydney · Mexico City · Madrid · Amsterdam

Bibliografische Information Der Deutschen Bibliothek

Die Deutsche Bibliothek verzeichnet diese Publikation in der Deutschen Nationalbibliografie; detaillierte bibliografische Daten sind im Internet über http://dnb.ddb.de abrufbar.

10 9 8 7 6 5 4 3 2 1
06 05 04 03

ISBN 3-8273-7061-2

ein Imprint der Pearson Education Deutschland GmbH
Martin-Kollar-Str. 10-12, D-81829 München

www.pearson-studium.de

Lektorat: Michaela Heine, mheine@pearson.de
Korrektorat: Andrea Stumpf und Petra Kienle
Herstellung und Satz: Werner Küstenmacher & m2 design, Sterzing, www.m2-design.org
Druck und Verarbeitung: Kösel, Kempten, www.KoeselBuch.de

Printed in Gemany

Inhalt

Vorwort

BEVOR WIR RICHTIG ANFANGEN...

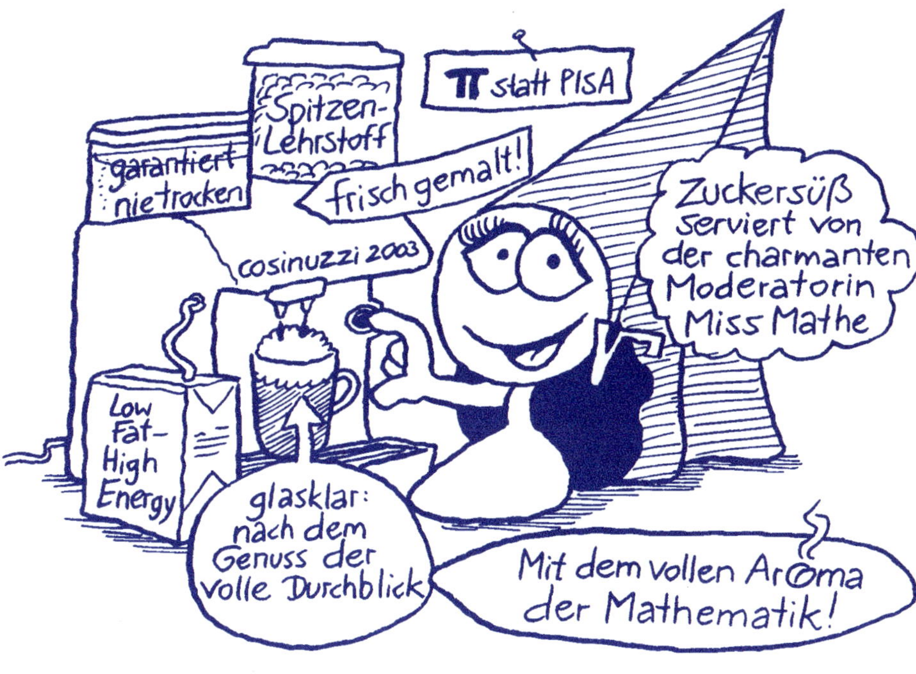

Vorwort

Warum Sie sich auf dieses Buch freuen dürfen

Latte macchiato, das Kultgetränk der lebenslustigen Mitteleuropäer aus Milchschaum und starkem Espresso, hat diesem Buch seinen Namen gegeben. Genauso wollen wir die Mathematik mit einem kräftigen Schuss Unterhaltung aufmischen. Auf dass Sie der eine oder andere Aha-Moment aufweckt und Lust macht auf das Reich der Zahlen und Geheimnisse!

„Latte macchiato" heißt wörtlich übersetzt „befleckte Milch". Die „befleckte Mathematik" ist ein bewusstes Gegenprogramm zur „reinen Mathematik". Wir möchten die sterile Wissenschaft mit der dunkelbraunen, aber äußerst anregenden Praxisbrühe beflecken. Wir wissen: Nichts steigert so sehr die Freude an einer Wissenschaft wie die Genugtuung, dass sich das gelernte Zeugs im wirklichen Leben sinnvoll anwenden lässt.

Manche Methoden und Formeln werden Sie bei uns vergeblich suchen. Wir lösen beispielsweise lineare und quadratische Gleichungen, verzichten aber auf spezielle Methoden, mit denen sich künstlich für den Matheunterricht konstruierte Gleichungen höheren Grades lösen lassen. Wir stellen stattdessen eine numerische Näherungsmethode vor, die in den meisten Mathelehrplänen leider fehlt. Das Lösen von praktischen Problemen steht bei uns im Vordergrund. Wir finden: Im Mathematikunterricht wird die Zeit der Schüler oft vergeudet! Kein Wunder, dass die Länder mit dem Unterrichtsideal der „reinen" Mathematik bei der PISA-Studie erschreckend schlecht abgeschnitten haben. Unser traditioneller Mathematikunterricht hat immer noch den Ehrgeiz, alle Schüler auf ein Mathematikstudium vorzubereiten, obwohl das nur einen Bruchteil der Schüler betrifft. Die Mehrzahl braucht das Rechnen im wirklichen Leben, um praktische Probleme zu lösen. Wenn Sie zu dieser Mehrheit gehören, sind Sie hier richtig. Freuen Sie sich auf die Belebung Ihrer grauen Zellen durch *Mathe macchiato*, das Kultbuch der neuen, lebenslustigen Zahlenbegeisterung!

Wer das Ganze geschrieben hat

Das Duo Irmgard Wagner und Tiki Küstenmacher fand sich schon vor 12 Jahren zu einem Vorgängerbuch (*Mathe & PC*) zusammen. Jetzt ist der Innsbrucker Professor Heinz Partoll dazugestoßen. Dieses Buch entstand in vielen Diskussionen von zwei Mathematikern mit langjähriger Erfahrung in Schule und Hochschule und Tiki, gelernter evangelischer Pfarrer, der mit seinem Bestseller *simplify your life* das Leben hunderttausender Leser vereinfacht. Mit dem Spaß und den interessanten Einsichten, die wir dabei hatten, wollen wir auch das Lernen von vielen mathematisch interessierten Lesern total vereinfachen.

Das Autorentrio dankt dem Verlag für die Unterstützung bei der Entstehung des Buches. Irmgard Wagner widmet dieses Buch ihrem Vater, in dessen Bücherschrank sie als 12-Jährige das Buch von Egmont Colerus *Vom Einmaleins zum Integral* fand. Dieses Buch hat ihre Liebe zur Mathematik begründet und war der Anstoß, das Buch zu schreiben, das Sie in Händen halten.

Warum Sie hier geduzt werden

Die Gespräche in diesem Buch führen Frau Mathe als Vertreterin der reinen Mathematik und der numerische Praktiker, der hier die Gestalt eines Computers hat. Die beiden möchten Sie in ihre Welt mitnehmen und mit Ihnen Freundschaft schließen. Deshalb werden Sie von ihnen geduzt. Und Sie werden merken: Es ist ein schönes Gefühl, auch Ihrerseits zur Mathematik „du“ sagen zu dürfen!

Für wen und wofür dieses Buch gedacht ist

Mathe macchiato ersetzt kein Mathematiklehrbuch. Sie können es zur Unterhaltung, zur Ergänzung des Mathematikunterrichts oder der entsprechenden Lehrveranstaltung lesen. Wenn Sie sich irgendwann einmal geärgert haben, dass Sie so viel von Ihrem eigenen Matheunterricht vergessen haben und das einst Gelernte für ein praktisches Problem einmal nicht zur Verfügung stand, dann haben Sie die optimalen Einstiegsvoraussetzungen. Vielleicht wollen Sie auch nur die mathematischen Probleme Ihrer Schulkinder verstehen. Dann wird Sie dieses Buch an Vergessenes erinnern und es Ihnen wieder verfügbar machen. Besonders gut geeignet ist unser Buch als Begleiter für den Mathematikunterricht. Mit den besprochenen Beispielen können Sie eventuelle Wissenslücken füllen und auch einmal vor der Lehrkraft eine echte Show abziehen.

Warum ganz hinten ein Praxistraining drin ist

Was in normalen Lehrbüchern Übungen genannt wird, weil Sie als Leser dabei etwas tun müssen, heißt bei uns Praxistraining. Wie auch sonst in unserem Buch wollen wir Sie durch Beispiele aus dem wirklichen Leben motivieren. Deshalb gibt es bei uns nicht alle Übungen, die notwendig sind, um mathematisch fit zu werden. Die finden Sie in jedem Mathelehrbuch. Wir wollen Aha-Momente vermitteln.

Damit Ihr Lesegenuss nicht zu sehr leidet, haben wir diese Trainingsabteilung an den Schluss des Buches gepackt – und verraten immer auch die Lösung. Falls Ihnen die manchmal zu knapp erscheint: Im Internet beschreiben wir alle Rechenwege in wunderbar ausführlicher Form (unter www.pearson-studium.de).

Hier gibt es auch zu jedem Kapitel eine Folie. Wenn Sie Mathematik unterrichten, können Sie diese Folien verwenden, um Ihren Unterricht zu beleben.

Danke!

Auch wenn dieses Buch die Mathematik vereinfacht – es zu machen, war wahnsinnig kompliziert: einen logischen Aufbau finden, die manchmal trockene Sache und die manchmal schnoddrige Sprache in Einklang bringen, Bilder und Texte zusammenfummeln, Umschmeißen, Korrigieren, drei Autoren harmonisieren ... Mensch Mathe, sind wir froh, dass das dann doch noch geklappt hat! Möglich wurde das nur durch eine eindrucksvolle Menge engagierter Menschen. Deswegen ist unser Abspann fast so lang wie bei einem Hollywood-Film:

Danke an den Verlag *Pearson Studium*, der bei unserem Projekt nicht nur angebissen hat, sondern sich vom Lektorat bis zu den Vertretern hat entzünden lassen. Insbesondere *Doris Linka* und *Michaela Heine*, die aus ihrer beeindruckenden Verlagsmaschine für Miss Mathe wirklich das Äußerste herausgeholt haben.

Danke an *Martina Messner*. Ohne ihre professionelle Power bei Layout und Satz, mit rund-um-die-Uhr-Aufopferung bei den Endarbeiten wäre *Mathe macchiato* niemals zum Schulanfang 2003 fertig geworden.

Danke an den *Systhema Verlag*, der vor 12 Jahren das Vorgängerbuch *Mathe & PC* herausgebracht hat. *Mathe macchiato* ist eine radikal umgearbeitete und enorm erweiterte Version dieses Urprodukts. Aber ohne den Elan des damaligen Verlegers *Ralph Möllers* hätte Miss Mathe niemals das Licht der Öffentlichkeit erblickt.

Danke an *Tobias Ravens* und *Peter Zöfel*, die das Manuskript fachmännisch gelesen, nützliches Feedback und wunderbare Ermutigungen gegeben haben.

Danke an die Korrekturleserinnen *Andrea Stumpf* und *Petra Kienle*. Sie haben dafür gesorgt, dass Miss Mathe fehlerfreies Deutsch spricht. Falls sie es irgendwo doch nicht tut, lag es nicht an den beiden, sondern an der letzten Hektik vor dem Drucktermin.

Danke ganz besonders an unsere Familien und Freunde. Autoren sind in der Kreativphase für die Außenwelt oft schwer zu ertragen. Sie haben es trotzdem getan. Und nicht nur das. Sie haben uns Nervenbündel in dieser Zeit sogar mit Herz und Hand unterstützt!

Das allergrößte Danke aber geht an Sie, liebe Leserin und lieber Leser. Dass Sie die Mathematik neu entdecken wollen, dass Sie dieses Buch lesen und sich dabei sogar Zeit nehmen für die Dankesseite – das ist einen Sonderapplaus für Sie wert. Bitte: Wenn Sie Spaß, Einsichten und Erfolgserlebnisse dabei hatten, sagen Sie's weiter! Wenn nicht, sagen Sie's uns. Wir freuen uns darauf, von Ihnen zu hören. Sie wissen ja: Im Internet-Zeitalter sind Buchautoren nur einen Mausklick von Ihnen entfernt.

Genug mit dem Vorgeplänkel. Jetzt geht's los. Viel Spaß und viele mathematische Einsichten wünschen herzlichst

Werner Tiki Küstenmacher · tiki@tiki.de

Irmgard Wagner · irmwagner@t-online.de

Heinz Partoll · h.partoll@chello.at

Kapitel 1

NATÜRLICHER ANFANG

Zahlen

In jeder Richtung unendlich

Am Anfang war die Zahl. Oder, noch einfacher: etwas, das abgezählt wurde.

Da der Mensch in der Regel **zehn Finger** hat, konnte man bis zehn besonders bequem zählen. Deshalb hat die Zehn bei uns auch eine Sonderstellung. Sie ist die erste zweiziffrige Zahl.

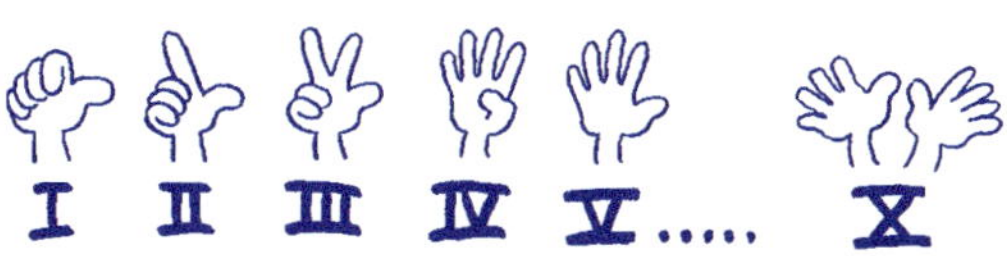

Aber diese unsere Schreibweise der Zahlen war nicht die erste. Die römischen Zahlen zum Beispiel sind eine andere Art der Bezifferung, die besondere Rücksicht auf einhändiges Zählen nimmt und bereits der Fünf eine Sonderstellung einräumt.

In unserer Art kann man mit solchen Zahlen nicht rechnen. Es ist außerordentlich umständlich, CXXVIII und MCIX zusammenzuzählen oder gar zu multiplizieren. Selbst die einfachsten kleinen Rechenaufgaben wurden zum großen Problem.
Was fehlte?

Die Inder kannten die **Null** schon lange. Gegen Ende des ersten Jahrtausends gelangte sie von Indien in den arabischen Raum. Der arabische Mathematiker Alchwarizmi schrieb ein grundlegendes Buch über das Rechnen mit den indischen Ziffern unter Verwendung des Stellenwertsystems. So kommt es, dass wir diese Art der Zahlen heute die „arabischen" nennen.

Auf verschiedenen Wegen, etwa über die Hochschulen von Sevilla und Toledo, gelangten diese Erkenntnisse nach Europa. Erst jetzt konnte man im eigentlichen Sinne „rechnen". Während nämlich die Römer in ihrem Zahlensystem immer wieder neue Zahlzeichen einführen mussten, je weiter sie zählen wollten, kommt unser Stellenwertsystem mit immer denselben 10 Zifferzeichen aus.
Aber warum wurde die Null so spät entdeckt?

Wie weit kann man eigentlich zählen?
Immer weiter! Ein Ende gibt es nicht, denn zu jeder Zahl gibt es eine nächstgrößere. Wir können bei diesen Zahlen immer „dazuzählen".

Es gibt sogar noch viel mehr als nur diese Zahlen. Deshalb wollen wir etwas System in das Ganze bringen: Die Zahlen, die durch das Zählen entstehen, heißen in der Mathematik naheliegenderweise **natürliche Zahlen**. Da wir immer weiter zählen können, sagen wir: Es gibt **unendlich viele** natürliche Zahlen.

Im Unendlichen gelten unsere normalen Gesetze nicht mehr. Es gibt allerlei Geschichten, an denen man das ganz nett zeigen kann.

Stell dir vor, du hast unendlich viele Schachteln, und in jeder Schachtel liegt ein Tennisball (mehr passen auch nicht hinein). Es sind also alle Schachteln voll.

Jetzt hast du aber noch einen Tennisball und möchtest ihn gerne in deinen vorhandenen Schachteln ganz vorne unterbringen. Ist das möglich?

Auf diese Art und Weise lassen sich noch beliebig viele zusätzliche Bälle unterbringen, denn du hast ja unbegrenzt viele Schachteln.

Unsere heutige Mathematik wurde erst möglich durch die Einschränkung der Unendlichkeit des Zählens auf eine bestimmte überschaubare Anzahl von Ziffern und durch die freundliche Aufnahme von „nichts" – eben der Zahl Null. Denn nur mit ihr lässt sich unser heutiges Zahlensystem aufbauen: Zahlen, bei denen die Position jeder Ziffer genauso wichtig ist wie die Ziffer selber. Das ist der Clou unseres „positionellen" Zahlensystems. Wie das funktioniert?

Die Ziffern, die wir zu einer Zahl zusammenfügen, haben einen Stellenwert. So wird die am weitesten rechts stehende Ziffer mit 1, die links davon mit 10, die nächste mit 100, dann mit 1000 etc. bewertet.

Die Zahl 1234 ist nur die Kurzschreibweise für:
$1234 = 1\cdot1000 + 2\cdot100 + 3\cdot10 + 4\cdot1$
So können wir mit nur 10 Zeichen beliebig große Zahlen schreiben und auch rechnen! Das ist nicht die einzige Möglichkeit für ein positionelles Zahlensystem! Es passt nur am besten zu unseren 10 Fingern.

Der Computer, der keine zehn Finger, dafür aber zwei Zustände – Strom ein, Strom aus – hat, rechnet lieber im „Zweier- oder **Binärsystem**".

Es verwendet nur zwei Zifferzeichen „0" und „1". Den Rest regelt es durch den Stellenwert, allerdings mit anderen Bewertungsfaktoren: 1 für die am weitesten rechts stehende Zahl, dann 2, dann 4, 8, 16 etc.

So bedeutet die Zahl 101001 Folgendes:

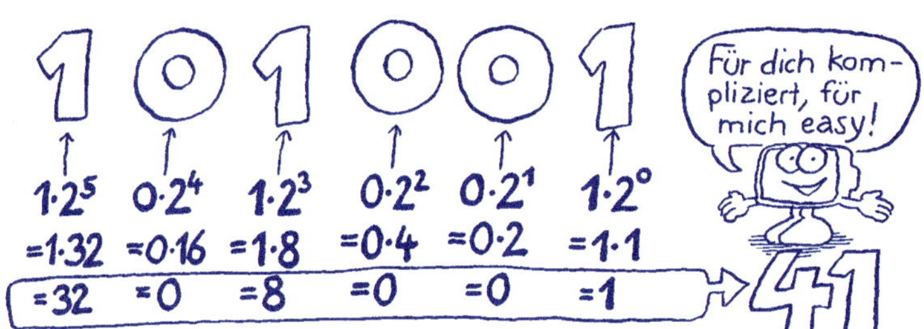

Die kleinste Zahlenmenge, in der Addieren und Subtrahieren lückenlos möglich ist, ist die Menge der **ganzen Zahlen**. Sie enthalten die Null, die positiven und die negativen Zahlen (die kennt jeder, der schon einmal Schulden hatte).

Die ganzen Zahlen gehen zweimal ins Unendliche: auf der positiven und auf der negativen Seite. Alle diese Sorten hier noch einmal im Überblick:

Zum richtigen Rechnen reichen diese kommalosen Zahlen aber immer noch nicht. Wir können zwar addieren, subtrahieren und multiplizieren, aber wie steht es damit:

Klarer Fall: Wir brauchen neue Zahlen, bei denen nichts mehr übrig bleibt. Das sind die **Brüche**. Bei mir heißt die Menge all dieser Zahlen **rationale Zahlen**.

Mit diesen neuen Zahlen funktioniert auch die Division „restlos“.
Der Mathematiker Leopold Kronecker ist mit seinem Ausspruch berühmt geworden: „Der liebe Gott hat die natürlichen Zahlen gemacht. Alle anderen sind Menschenwerk.“

Dieser Satz gilt nicht nur für die rationalen Zahlen, sondern auch für das Rechnen mit diesen Zahlen.

Wie können wir zwei rationale Zahlen addieren?

Beim **Addieren von Brüchen** musst du erreichen, dass auf beiden Seiten vom Pluszeichen unten die gleiche Zahl steht. Diese Zahl heißt „Nenner“ des Bruchs.

Was immer funktioniert: Die Nenner miteinander multiplizieren und die Zähler (das ist die Zahl über dem Bruchstrich) mit der Zahl multiplizieren, mit der der Nenner multipliziert wurde, und dann addieren. Der halbe Kuchen wurde noch mal in 3 Stücke geteilt. Also muss auch der Zähler mit 3 multipliziert werden. Zähler und Nenner mit derselben Zahl multiplizieren nennen die Mathematiker **erweitern**.

$$\frac{1}{2} + \frac{1}{3} = \frac{1 \cdot 3}{2 \cdot 3} + \frac{1 \cdot 2}{3 \cdot 2} = \frac{3}{6} + \frac{2}{6} = \frac{5}{6}$$

Die Regel heißt also:

$$\frac{a}{b}+\frac{c}{d}=\frac{a\cdot d}{b\cdot d}+\frac{c\cdot b}{d\cdot b}=\frac{a\cdot d+b\cdot c}{b\cdot d}$$

Oft kannst du dir es etwas einfacher machen, weil Brüche häufig so aussehen:

$$\frac{1}{2}+\frac{1}{4}=\frac{1\cdot 2}{2\cdot 2}+\frac{1}{4}=\frac{2}{4}+\frac{1}{4}=\frac{3}{4}$$

Da reicht es, einen der beiden Brüche zu erweitern.

Das Subtrahieren geht nach derselben Regel, wenn du jedes Pluszeichen durch ein Minuszeichen ersetzt.

Besonders trickreich ist das **Multiplizieren von Brüchen**. Wenn du z.B. ein Drittel Kuchen brauchst, um satt zu werden, wie viel Kuchen brauchst du dann zusammen mit deinem Freund, der genauso hungrig ist?

Beim Multiplizieren von einem Bruch mit einer ganzen Zahl musst du den Zähler multiplizieren.

$$\frac{1}{3}\cdot 2=\frac{1\cdot 2}{3}=\frac{2}{3}$$

Beim **Teilen eines Bruchs** durch eine ganze Zahl musst du den Nenner multiplizieren.

$$\frac{1}{3}:2=\frac{1}{3\cdot 2}=\frac{1}{6}$$

Dieses Zerteilen kannst du dir auch vorstellen als Halbieren, das heißt als Multiplizieren mit ein halb, und so schreiben:

$$\frac{1}{3} \cdot \frac{1}{2}$$

Wenn wir beides oben zusammensetzen, erhalten wir die Regel für die Multiplikation mit einem Bruch:

$$\frac{a}{b} \cdot \frac{c}{d} = \frac{a \cdot c}{b \cdot d}$$

Willst du Brüche durcheinander teilen, musst du den zweiten Bruch „auf den Kopf stellen" und multiplizieren. Ich sage dazu dann Multiplizieren mit dem „**Kehrwert**".

$$\frac{a}{b} : \frac{c}{d} = \frac{a}{b} \cdot \frac{d}{c} = \frac{a \cdot d}{b \cdot c}$$

Vier Freunde beschließen, ein Geschäft zu gründen. Sie investieren der Reihe nach eine, zwei, drei und vier Millionen. Die Geschäfte laufen gut und bringen eine halbe Million Gewinn. Wie sollen sie diesen Gewinn unter sich aufteilen?

Natürlich soll der Gewinn gerecht aufgeteilt werden. Denken wir uns den Gewinn als Torte. Wir könnten sie einfach vierteln. Wäre das gerecht? Wohl kaum! Der vierte hat ja vier Mal so viel zu diesem Gewinn beigetragen wie der erste. Dementsprechend größer muss sein Tortenstück werden. Wir müssen den Gewinn also so aufteilen, wie sich die Investitionen aufgeteilt haben.

Wie teilen sich die Investitionen auf? Am besten sehen wir das wieder an der Torte. Wir berechnen, was die 4 insgesamt investiert haben, das sind 1 + 2 + 3 + 4 = 10 Millionen. Der erste hat zur Investitionstorte eine Million beigetragen, das ist ein Zehntel vom Ganzen, der zweite 2, der dritte 3 und der vierte 4 Zehntel. Diese Torte liefert uns eine Stanzform.

Diese Stanzform setzen wir nun auf die Gewinntorte. Das ergibt für die Gewinntorte dieselbe Teilung wie bei der Investitionstorte.

Der erste bekommt also

$$500\,000 \cdot \frac{1}{10} = 50\,000$$

Die weiteren Investoren bekommen der Reihe nach:

$$500\,000 \cdot \frac{2}{10} = 100\,000$$
$$500\,000 \cdot \frac{3}{10} = 150\,000$$
$$500\,000 \cdot \frac{4}{10} = 200\,000$$

Jetzt sollte jeder zufrieden sein!

Beispiel 1.1: Teilung auf Arabisch

Beispiel 1.2: Aufteilung einer Erbschaft

Beispiel 1.3: Erbschaft mit Euter

Jeder Bruch lässt sich in eine **Dezimalzahl** verwandeln. Dabei kommt entweder eine endliche Zahl von Stellen hinter dem Dezimalkomma heraus – oder eine Ziffer bzw. eine Ziffernfolge wiederholt sich immer wieder.

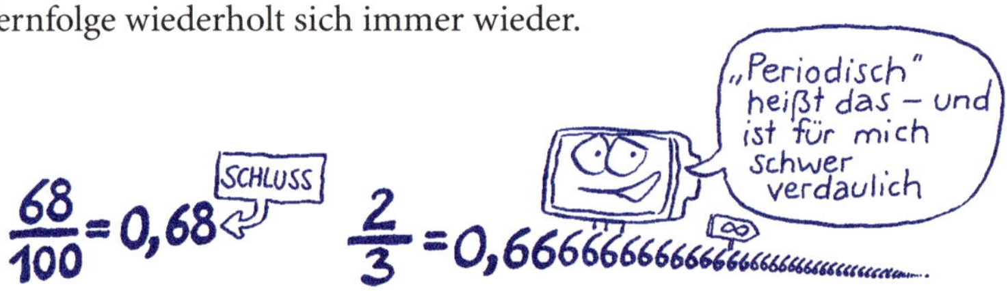

Die Brüche sind schon eine ganz schöne Menge Zahlen, sollte man meinen. Aber damit haben wir meinen Reichtum erst angekratzt. Denn es gibt auch Zahlen, die keine Brüche sind und eine unendliche Zahl von Dezimalstellen haben, die keine Periode aufweisen.

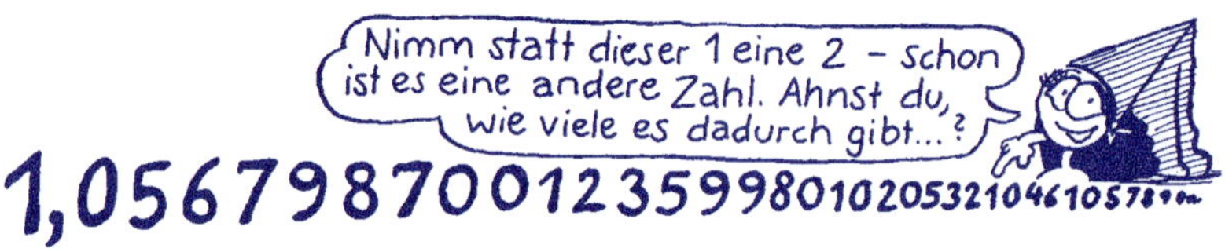

Damit betreten wir schon im ersten Kapitel ein faszinierendes Gebiet. Bereits an diesen einfachen Unterschieden von Zahlen wird deutlich, dass es verschiedene Arten von Unendlichkeit gibt. Brüche (die stets aus ganzen Zahlen gebildet werden) gibt es unendlich viele, weil es unendlich viele ganze Zahlen gibt. Aber ihre Menge ist abzählbar: Alle natürlichen Zahlen geteilt durch alle natürlichen Zahlen können – wenn wir's geschickt anstellen – durchnummeriert werden. Die Menge der Dezimalzahlen aber ist nicht einmal abzählbar.

Schreibe zuerst 0,2 und gib eine Null dazu. Dann schreibe wieder eine 2. Dann zwei Nullen und wieder eine 2. Dann drei Nullen und wieder eine 2 etc. …

Diese Zahl ist garantiert nicht periodisch, weil die Zahl der Nullen zwischen den Zweiern immer verschieden ist.

Auf diese Weise kannst du vollkommen neue Zahlen konstruieren, die vor dir mit großer Sicherheit noch nie jemand aufgeschrieben hat. Solche Zahlen gibt es unglaublich viele. Denn zwischen zwei Zahlen, so nahe sie auch zusammenliegen, passt immer noch eine dazwischen. Ja, sogar nicht nur eine, sondern unendlich viele!

Die Unendlichkeit erstreckt sich auf der Zahlengeraden also nicht nur nach links und rechts, sondern auch zwischen zwei Zahlen und liegen sie noch so eng beisammen.

Die Zahl 2 zum Beispiel steht sozusagen auf einem unendlich schmalen Sockel, denn ganz knapp links und rechts von ihr gibt es bereits eine unendliche Anzahl von Nachbarzahlen. Trotzdem steht die 2 bombenfest – sie ist vollkommen eindeutig als 2 definiert.

Kurios wird es, wenn du diese Einsicht im praktischen Leben anwenden willst. Iss die erste Hälfte des Kuchens, von dem Rest wieder die Hälfte, von dem entstandenen Rest noch einmal die Hälfte, davon wieder die Hälfte usw. Theoretisch müsste dein Kuchen ein Leben lang halten.

Praktisch scheitert der Fall daran, dass du keine so winzigen Bisse mehr machen kannst. Allerdings bräuchtest du nur zusätzlich eine zweite Halbierungsreihe einzuführen: Um 8 Uhr isst du die erste Hälfte, um 8.30 Uhr die Hälfte von der Hälfte, um 8.45 wiederum die Hälfte, die entstandene Hälfte um 8.52 Uhr und 30 Sekunden usw. Kurz vor 9 Uhr müsstest du zwar unvorstellbar oft und schnell deine Gabel zum Munde führen, aber um 9.00 Uhr wäre der Kuchen weg – sowohl praktisch als auch mathematisch gesehen!

Eine Geschichte, die auf dem gleichen Prinzip beruht, ist schon im alten Griechenland erzählt worden:

Der griechische Querdenker Zenon von Elea (ca. 450 v. Chr.) brachte alle griechischen Denker seiner Zeit zur Verzweiflung mit seiner Version eines Wettkampfes zwischen dem damals schnellsten Läufer Achilles und einer Schildkröte, die Achilles zum Wettkampf herausgefordert hatte. Achilles gab der Schildkröte 100 Fuß Vorsprung und Zenon behauptete, dass Achilles sie nicht einholen könne. Denn kaum habe Achilles die 100 Fuß bewältigt, sei die Schildkröte weitere 10 Fuß vorangekommen. Achilles laufe auch diese 10 Fuß, aber schon wieder sei die Kröte 1 Fuß vor ihm. So gehe das Spiel weiter und sosehr sich Achilles auch bemühe, er hole die Kröte nicht ein! Ist das wirklich so?

Natürlich überholt Achilles die Schildkröte. Wie wir mathematisch diesen scheinbaren Widerspruch lösen können, werden wir in Kapitel 8 erklären.

Die Menge der Brüche nennen wir rationale Zahlen, weil sie (obwohl es unendlich viele gibt) noch einigermaßen in unseren Kopf hineinpassen. Bei der unvorstellbar großen Menge der unendlichen nicht periodischen Dezimalzahlen werden die Grenzen unserer Vorstellungskraft schon etwas überschritten. Daher nennen wir sie irrationale Zahlen. Alle bisher erwähnten Zahlenarten gehören aber zur mathematischen Realität und heißen deswegen **reelle Zahlen**.

Man kann auch sagen: Reelle Zahlen sind alle Dezimalzahlen, die endlich, periodisch oder nicht periodisch sind. Die ganzen Zahlen sind nur in ihrer Menge unendlich. Bei ihnen gibt es zwischen zwei Zahlen keine weitere Zahl, bei den reellen dagegen passen zwischen zwei Zahlen immer unendlich viele – die nicht abzählbar sind, also nicht fortlaufend nummeriert werden könnten!

Der Wert einer solchen Zahl ergibt sich aus ihrer Darstellung:

$1234{,}56\ldots = 1 \cdot 1000 + 2 \cdot 100 + 3 \cdot 10 + 4 \cdot 1 + 5 \cdot \frac{1}{10} + 6 \cdot \frac{1}{100} + \ldots$

Glücklicherweise ist es im täglichen Leben mit der Unendlichkeit nicht ganz so dramatisch.

Für Währungsberechnungen sind im Endergebnis beispielsweise nur zwei Dezimalstellen interessant.

Bei Längenberechnungen in Meter genügen meist 4 oder 5 Stellen (dann ist es schon auf den Hundertstelmillimeter genau). Müssen Gewichte in Zahlen angegeben werden, hört es auch für den penibelsten Apotheker beim millionstel Gramm auf – das sind dann gerade mal 6 Stellen hinter dem Dezimalzeichen.

Trotzdem musst du beachten: Dezimalzahlen sind dem Wert nach nicht exakt, weil Rundungsfehler auftreten. Brüche hingegen stellen immer den exakten Wert der Zahl dar. Daher: Rechne mit Brüchen, solange du kannst!

Kapitel 2

ALLES GEREGELT

Variablen, Operatoren und Ausdrücke

Womit man rechnen muss

Mit Zahlen kann man zwar rechnen – doch es wird schnell sehr umständlich. Wenn ich zum Beispiel verschiedene Rechtecksflächen berechnen wollte, müsste ich jedes Mal die Flächeneinheiten abzählen. Jahrhundertelang wurde Mathematik in dieser umständlichen Form betrieben.

Das ist aber nicht nötig. Sehr schnell sehe ich das Gesetz: Die Anzahl der Längeneinheiten multipliziert mit der Anzahl der Breiteneinheiten ergibt die Anzahl der Kästchen.

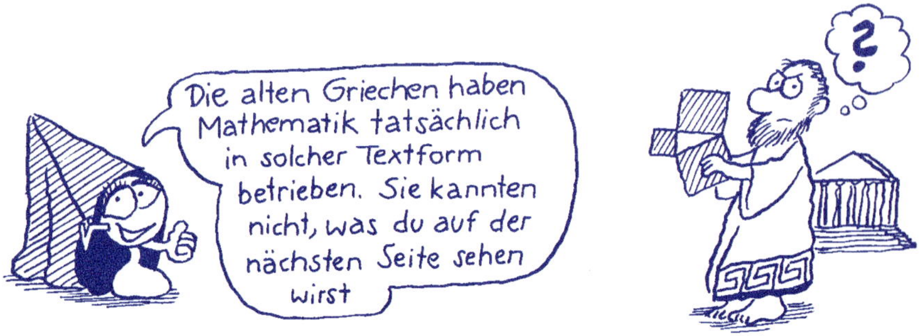

Was wir nun noch für eine elegante Schreibweise brauchen, sind **Variablen**.

Eine Variable ist eine Veränderliche. Sie ist eigentlich nur ein Platzhalter für eine Zahl, wie eine Schachtel, die man beliebig füllen kann.

Du darfst in sie hineingeben, was du möchtest, und kannst sie dann in deinen Rechnungen wie Zahlen verwenden.

Mit Variablen sieht das Gesetz für die Berechnung von rechteckigen Flächen verblüffend einfach aus (A steht für lateinisch bzw. englisch area, zu Deutsch „Fläche"):

Erst durch die Variablen ist die edlere Form der Mathematik möglich: die **Algebra**.

Das Wort geht zurück auf den arabischen Mathematiker Alchwarizmi. Er verfasste eine bahnbrechende Abhandlung über Gleichungen mit dem einprägsamen Titel „L' Al'djebr ou'al moukabalah". Daraus entwickelte sich (europäisch undeutlich ausgesprochen) das Wort Algebra. In der Mathematik wird damit einfach das Gebiet bezeichnet, das mit der Variablenrechnerei zu tun hat.

Zahlen und Variablen stellen die Operanden dar, mit denen wir operieren, also rechnen. Aber wer sind die Operateure und wie sehen die Operationen aus, die wir mit diesen Operanden durchführen können?

Auch im Gesetz für die Berechnung einer Rechtecksfläche haben wir zwischen den Variablen *a* und *b* einen **Operator** stehen. In einen Operator kann man etwas hineingeben. Er verändert es und gibt es als Ergebnis wieder aus. Er ist wie eine Mühle: Getreide hinein, Mehl heraus.

Typisch ist, dass alle Operatoren einen einzigen Ausgang haben, aber bei den Eingängen gibt es Unterschiede. Im Wesentlichen gibt es zwei Arten:

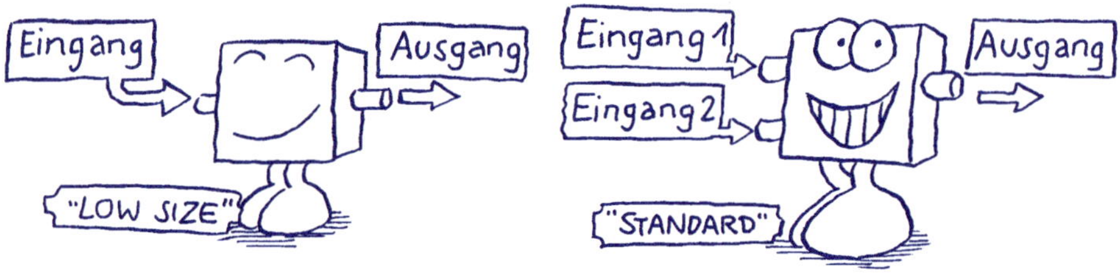

Einer der Operatoren mit nur einem Eingang ist der Vorzeichenoperator. In der Plus-Ausführung ist er so gut wie unsichtbar, denn er ändert am Vorzeichen der eingegebenen Zahl nichts. „+“ ist wieder „+“ und „-“ bleibt „-“.

Als Minus-Modell dreht der Vorzeichenoperator das Vorzeichen der eingegebenen Zahl um. Kommt in den Eingang eine positive Zahl oder eine Zahl ohne Vorzeichen, so wird sie negativ und umgekehrt.

Interessanter sind die Operatoren mit mehreren Eingängen. Am beliebtesten ist der Additionsoperator. Seine Wirkungsweise ist dir seit frühester Jugend vertraut.

Beim Additionsoperator sind die beiden Summanden gleichberechtigte Partner. Du darfst ihre Reihenfolge vertauschen, ohne dass sich dabei die Summe ändert.

Der Subtraktionsoperator ist sozusagen das Gegenstück dazu.

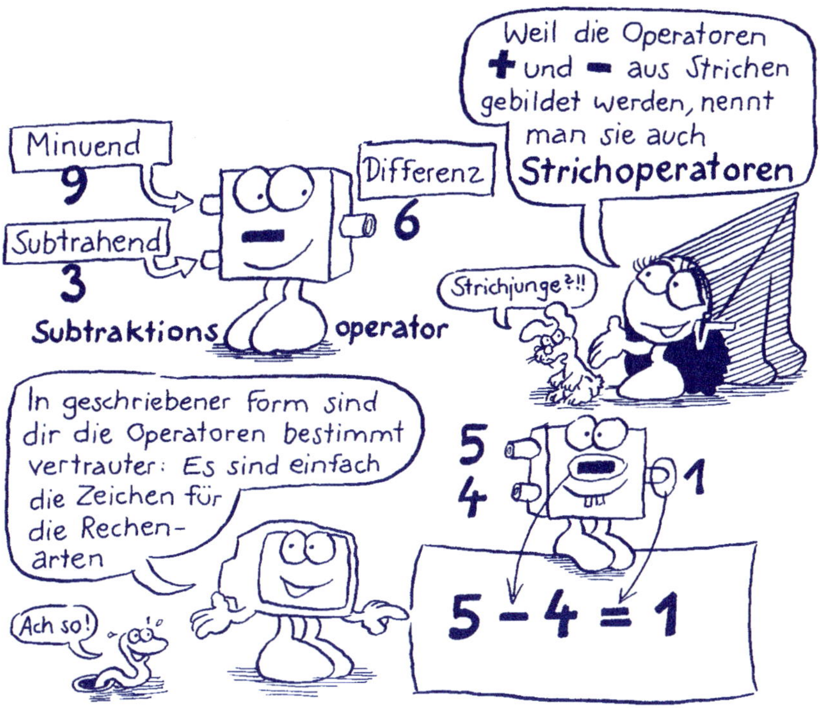

Die Subtraktion ist ein Gerät, bei dem die Eingänge nicht vertauscht werden dürfen. Deshalb haben sie auch – im Unterschied zur Addition – unterschiedliche Namen: Minuend und Subtrahend.

Die Punktoperatoren stehen eine Stufe über den gerade besprochenen Strichrechnungen. Der Multiplikationsoperator produziert etwas im wahrsten Sinne des Wortes: Er macht aus zwei Zahlen das Produkt. Entstanden ist die Multiplikation als Abkürzung des Addierens gleicher Summanden. 3·2 ist die Abkürzung für 2+2+2.

Zugleich haben die in ihn eingegebenen Zahlen noch Striche vor sich und sind positiv oder negativ. Der Multiplikationsoperator arbeitet nach den nebenstehenden Regeln.

Das Zeichen für den Multiplikationsoperator wird oft weggelassen, weil wir das in der Alltagssprache auch tun: „3 Bier“ statt „3 mal Bier“.
Negative Zahlen müssen eingeklammert werden, weil es sonst Verwechslungen gibt.
So ist z.B.: (-3)(-2) = 6 eine Multiplikation und -3 - 2 = -5 eine Subtraktion.

Das Gegenstück zur Multiplikation ist der Divisionsoperator. (Division ist hier nicht im militärischen Sinne gebraucht, sondern bedeutet einfach Teilung).

Doch der Divisionsoperator hat seine Tücken.
Durch null darfst du niemals dividieren!

Woher kommt dieses Problem?

Für alle, die es genau wissen wollen: Durch Einsetzen von 2 anstelle von x kannst du bestätigen, dass die Gleichung $3{\cdot}x = 6$ erfüllt ist. Das Verfahren, dass diese Lösung liefert, ist die Division: 6 dividiert durch 3 ist 2.
Was ist aber, wenn die Gleichung $0{\cdot}x = 6$ heißt. Du wirst kein x finden, dass diese Gleichung lösen könnte. Das Rechenverfahren liefert aber formal 6 dividiert durch 0. Damit sind wir gezwungen, die Division durch 0 für sinnlos zu erklären und sie zu verbieten.

Manchmal ist es gar nicht so offensichtlich, dass du durch null dividieren willst – wenn zum Beispiel Variablen im Spiel sind.

Damit hättest du die wichtigsten Operatoren des täglichen Lebens kennen gelernt, die so genannten vier Grundrechenarten. Bei der Kombination von verschiedenen Operatoren kann es aber zu Schwierigkeiten kommen.

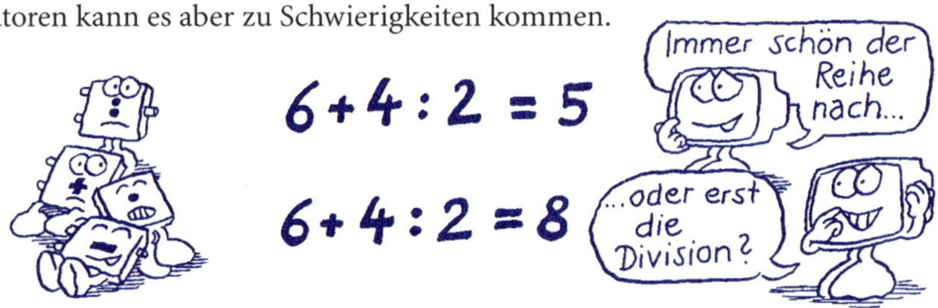

Die Vorfahrt für Operatoren ist eindeutig geregelt. Statt „rechts vor links“ wie im Straßenverkehr heißt es in der Mathematik „Punkt vor Strich“.

Wenn du die Privilegien der Punktrechnungen einmal aufheben möchtest, kannst du das durch **Klammern** bewerkstelligen: Was eingeklammert ist, wird zuerst berechnet.

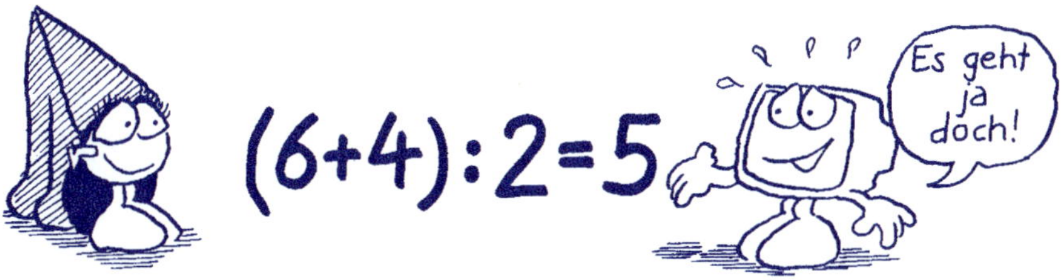

Die Vorfahrtsregelung in der Mathematik ist also eindeutig: Zuerst die Klammern, dann die Punkt- und zum Schluss die Strichrechenarten.

Der nächste Operator wirkt wie eine Luxusausgabe der Multiplikationsmaschine: Mit ihm lässt sich die fortlaufende Multiplikation mit gleichen Faktoren kürzer schreiben – nämlich als Potenz. Wir verwenden im Operator das Symbol „^“, das auch auf manchem Taschenrechner zu finden ist.

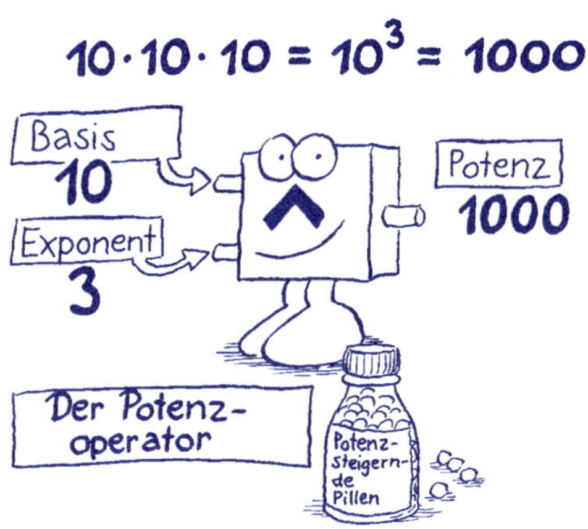

Sehr häufig soll eine Zahl nur einmal mit sich multipliziert werden, also die Potenzierung mit 2. Für diesen einfachen Fall gibt es ein eigenes, recht bildhaftes Wort: Quadrieren.

Mit Hilfe der Potenzen zur Basis 10 – kurz **Zehnerpotenzen** genannt – gibt es eine platzsparende Schreibweise für große Zahlen.

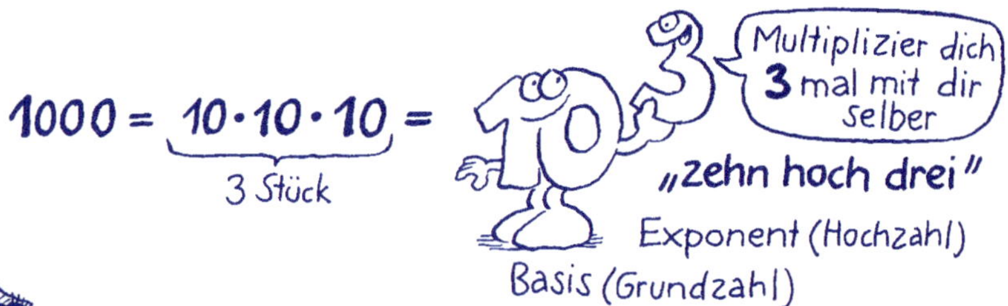

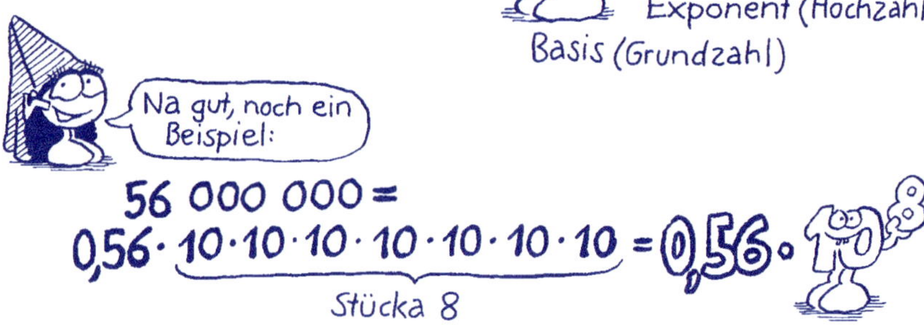

Bei riesigen Zahlen ist oft nur interessant, um wie viel Millionen, Billionen oder gar Quadrillionen es sich handelt. Die gerade vorgestellte Exponentialschreibweise bietet eine bequeme Möglichkeit mit großen Zahlen bei allerdings eingeschränkter Genauigkeit zu rechnen.

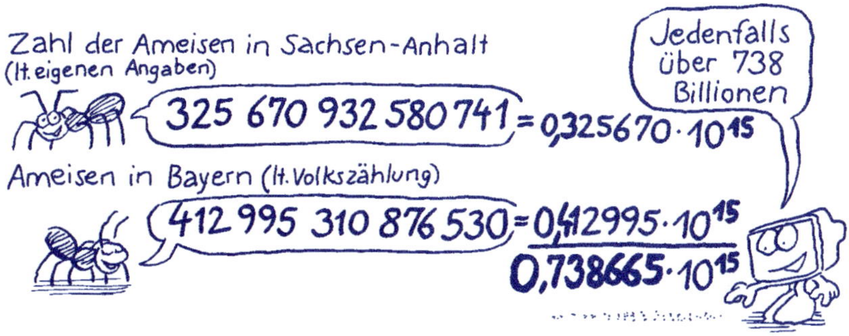

In der Welt der Exponenten verschieben sich die Rechenarten um eine Stufe nach unten. Du kannst Zahlen multiplizieren, indem du ihre Exponenten zusammenzählst. Teilen ist Subtrahieren und Potenzieren ist Multiplizieren der Hochzahlen.

$$10^5 \cdot 10^3 = 10^{5+3} = 10^8$$
$$10^6 : 10^4 = 10^{6-4} = 10^2$$
$$(10^3)^2 = 10^{3 \cdot 2} = 10^6$$

Du kannst dir die Zehnerpotenzen als Multiplikationen vorstellen und damit diese Rechnungen – sogar im Kopf – nachprüfen.

Wenn du zwei Potenzen mit gleicher Basis und gleichem Exponenten dividierst, gibt das natürlich 1. Andrerseits ist die Hochzahl aber nach der Subtraktion 0. Deshalb ist jede Zahl hoch 0 gleich 1.

$$10^3 : 10^3 = 10^{3-3} = 10^0 = 1$$

Dividierst du durch eine Potenz, deren Exponent größer ist, erhältst du durch Subtraktion der Exponenten eine Potenz mit einer negativen Hochzahl. Dividiere ich 100 durch 10 000 erhalte ich aber gleichzeitig $\frac{1}{100}$.

Potenzen mit negativen Hochzahlen lassen sich also auch als Bruch mit Zähler 1 darstellen.

$$10^2 : 10^4 = 10^{2-4} = 10^{-2} = \frac{1}{10^2}$$

Durch negative Zehnerpotenzen lassen sich auch sehr kleine Zahlen übersichtlich schreiben:

$$0{,}001 = \frac{1}{10\cdot 10\cdot 10} = \frac{1}{10^3} =$$

$$0{,}0000065 = 0{,}65 \cdot \frac{1}{10\cdot 10\cdot 10\cdot 10\cdot 10} = 0{,}65 \cdot 10^{-5}$$

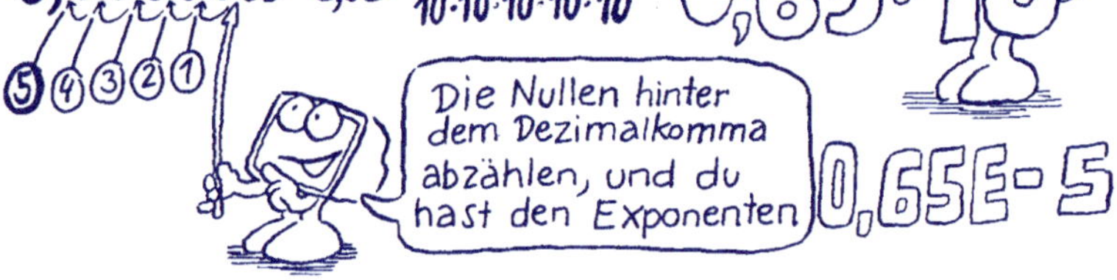

Die nächste Tabelle enthält die Regeln für das Rechnen mit Potenzen im Überblick.

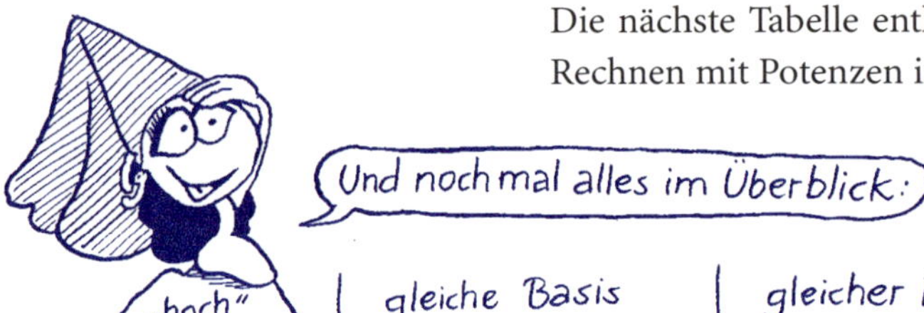

„hoch“	gleiche Basis	gleicher Exponent
Multiplizieren	$a^c \cdot a^d = a^{c+d}$	$a^c \cdot b^c = (a \cdot b)^c$
Dividieren	$\frac{a^c}{a^d} = a^{c-d}$	$\frac{a^c}{b^c} = \left(\frac{a}{b}\right)^c$
Potenzieren	$(a^c)^d = a^{c \cdot d}$	

Wie bei jedem Operator gibt es auch zum Potenzieren ein Gegenstück.

Das Rechenverfahren, um von einer Potenz wieder auf die Basis zu kommen, heißt – welch drastische Bildsprache – Wurzelziehen.

Genau wie das Quadrieren (also das Potenzieren mit 2) ist das Wurzelziehen zum Exponenten 2 ein häufiger Sonderfall, mit dem nahe liegenden Namen Quadratwurzel. Es entsteht dadurch ein Operator mit nur einem Eingang.

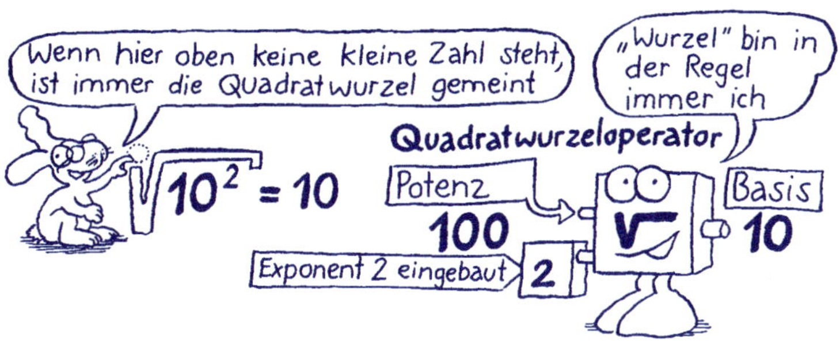

Dass der Wurzeloperator die Umkehrung zum Quadrieren ist, siehst du daran, dass sie sich gegenseitig aufheben: Also $a = b^2$ bedeutet (zumindest für positive a und b) dasselbe wie $b = \sqrt{a}$.

Aber Achtung:
So simpel der Quadratwurzeloperator aussieht, gibt es bei ihm doch etwas, was es nicht geben darf.

Gesucht wird hier die Zahl, die mit sich selbst multipliziert -100 ergibt. Das ist aber unmöglich, denn bei der Multiplikation mit sich selbst hebt sich das Minuszeichen auf. Quadrieren liefert immer nur positive Ergebnisse!

$$(-10) \cdot (-10) = 100$$

Wahre Mathematik lässt sich von so etwas nicht einschüchtern.
Es könnte doch eine Zahl geben, die mit sich selbst multipliziert den negativen Wert -1 ergibt. Weil diese Zahl offensichtlich eine Ausgeburt der menschlichen Phantasie, also eingebildet ist, hat C. F. Gauß sie „imaginäre“ Einheit genannt. So eine Zahl würde sich auch nicht auf der Zahlengeraden finden. Aber damit wollen wir uns jetzt nicht beschäftigen.

Beispiel 2.1: Wie weit ist es von der Erde bis zur Sonne?

Die Potenz steht als Nobelausgabe der Punktrechenarten natürlich noch ein bisschen weiter oben in der Hierarchie als Punkt und Strich. Auf Platz eins bleiben aber die unscheinbaren Klammern. Die aktualisierte Ausgabe unseres Rechenhirschs sieht daher so aus:

Diese Hierarchieregeln sind leicht einzuhalten, solange in den Klammern nur Zahlen stehen.

Was aber, wenn Variablen in den Klammern vorkommen?

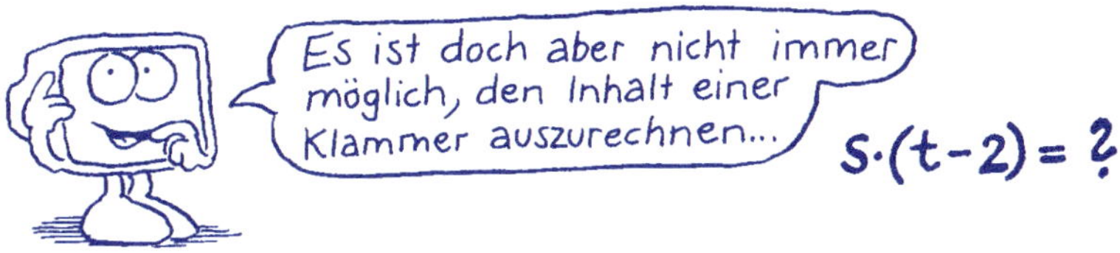

Wenn Variable verwendet werden, dann kannst du nicht einfach den Inhalt der Klammer ausrechnen, sondern musst den Ausdruck so umwandeln, dass er für alle möglichen Werte der Variablen gilt.

Wie kannst du hier die Klammer wegbringen, ohne die Summe in der Klammer zu berechnen?

Dieses Gesetz heißt Distributivgesetz oder etwas volkstümlicher „Auflösen einer Klammer“, wenn du es von links nach rechts liest. Jedes Gesetz gilt aber auch von rechts nach links gelesen, dann sagst du in diesem Fall besser „Herausheben eines gemeinsamen Faktors“.

Recht häufig werden dir auch quadrierte Klammern begegnen. Wie du die verschwinden lassen kannst, werde ich dir auch wieder ohne viele Worte mit Papier und Schere erklären. Die Gleichungen, die dabei entstehen, kennst du vielleicht noch unter dem Namen „binomische Formeln“.

$$(a+b)^2 = (a+b)\cdot(a+b)$$

$$a^2 \quad + \quad 2\cdot a\cdot b \quad + \quad b^2$$

$$(a+b)^2 = a^2 + 2\cdot a\cdot b + b^2$$

$$(a-b)^2 = a^2 - 2\cdot a\cdot b + b^2$$

$$(a+b)(a-b) = a^2 - b^2$$

Kapitel 3

PUNKTE IN BEWEGUNG

Mathematik zum Anschauen

Zu sehen ist er nicht, und wenn man die Darstellung noch so sehr vergrößern würde. Denn ein mathematischer **Punkt** hat keine Ausdehnung. Damit man sich aber eine Vorstellung machen kann, machen wir ihn ein bisschen größer und zeichnen einen mehr oder weniger dicken Batzer (in diesem Büchlein sogar ein kleines Wesen):

Der Punkt hat eine ähnliche Bedeutung wie die Zahl Null in der Algebra. Ohne Punkt keine Geometrie. Weil der Punkt sich in keine Richtung ausdehnt, sagt man auch, er habe die Dimension 0. Aber warte nur ...

Wenn sich der Punkt in eine Richtung bewegt, entsteht etwas Neues: die Gerade.

Sie hat nur in einer Richtung eine Ausdehnung. Deshalb ist sie unendlich dünn. Man sagt auch, sie habe die Dimension 1.

Mit zwei Punkten ist eine **Strecke** eindeutig definiert. Damit man sich bequemer über alles unterhalten kann, bekommen die Elemente in der Geometrie Namen. Sie sind meist nur einen Buchstaben lang – wohl wegen der Schreibfaulheit der Mathematiker.

Die **Ebene** hat zwei Ausdehnungen, also zwei Dimensionen. Zweidimensionale Geometrie ist ganz praktisch, denn sie hat genauso viele Dimensionen wie ein Blatt Papier.

Der Unterschied ist, dass die Ebene als abstrakte mathematische Idee unbegrenzt ist, das Blatt Papier aber irgendwo anfängt und aufhört. Es ist sogar verschieden lang in die beiden Richtungen.

Miss die Seiten dieses Büchleins ab; es misst ca. 21 cm in der Länge und ist 14,85 cm breit. Das ist das DIN-Format A 5.

Warum diese krummen Zahlen und warum A 5? Dieses Rätsel lösen wir bei den Gleichungen auf Seite 100

Eine ebene Figur mit nur zwei Eckpunkten gibt es nicht.

Eine Figur mit drei Eckpunkten heißt **Dreieck**.

Von solchen Dreiecken gibt es etliche Sonderformen.

Zum Beispiel das gleichschenklige Dreieck.

Dreiecke können verwandt sein. Wenn wir das gleichschenklige Dreieck in der Mitte falten, entstehen zwei deckungsgleiche Dreiecke. Der Fachmann sagt kongruente Dreiecke. Das ist der höchste Verwandtschaftsgrad bei Dreiecken.

Wenn nur die Winkel gleich sind, heißen die Dreiecke **ähnlich**.

Bei ähnlichen Dreiecken sind die Seiten zwar nicht gleich, aber die entsprechenden Seiten stehen im gleichen Verhältnis zueinander. Das kann man in der Praxis vielfätig ausnutzen.

$$\frac{a}{c} = \frac{a_1}{c_1} = \frac{a_2}{c_2}$$

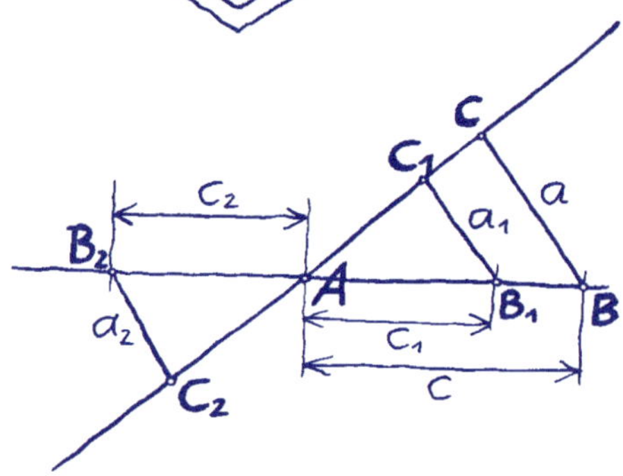

Die Ähnlichkeit von Dreiecken lässt sich zum Beispiel sehr schön zur Entfernungsmessung verwenden.

Du stehst am Ufer eines Sees und würdest gern herausfinden, wie weit es bis zum anderen Ufer ist. Denn du traust dir zu, 200 Meter weit zu schwimmen. Mehr ist dir zu gefährlich. Entfernungen auf dem Wasser sind schwer zu schätzen. Da siehst du am gegenüberliegenden Ufer mehrere Autos parken.

Hier kannst du den „Daumensprung" und das Wissen über die Ähnlichkeit für die Entfernungsmessung einsetzen. Das Verfahren beruht darauf, dass du jedes Auge abwechselnd zukneifen kannst und dass du weisst: Dein Arm ist 65 cm lang und deine Pupillen haben einen Abstand von 6,5 cm.

Der Trick: Du schätzt die Länge einer Strecke am anderen Ufer und kannst daraus berechnen, wie weit du von dieser Strecke entfernt bist.

Ein normal großes Auto ist etwa 4,50 Meter lang. Mit Parkabstand rechnen wir der Einfachheit halber 6 Meter. Dann sind 5 Autos grob gerechnet 30 Meter.

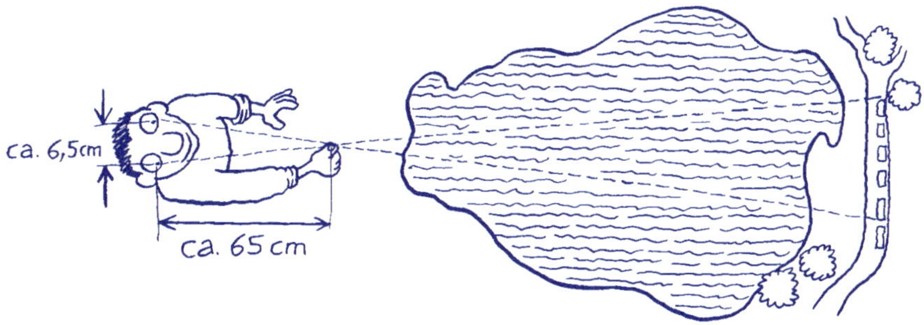

Das Dreieck, das zwischen deinem Daumen und deinen Pupillen ist, ist ähnlich dem Dreieck vom Daumen zu den beiden Punkten der Autoschlange, die dir der Daumensprung angibt. Den Verhältnisfaktor aus dem ersten Dreieck kannst du ausrechnen: 65 cm : 6,5 cm = 10.

Die geschätzte Länge des Daumensprungs ist 30 m. Da die Dreiecke ähnlich sind, muss die Seebreite ca. 300 m sein, damit der Verhältnisfaktor der Seiten im großen Dreieck auch wieder 10 beträgt.

Der See ist also etwa 300 Meter breit – bei deinen Schwimmkünsten wäre es also klüger, den Teich nicht zu durchqueren.

In Zukunft musst du nicht mehr so ausführlich rechnen. Du kannst dir einfach merken: Geschätzte Daumensprung-Strecke mal 10 ist gleich Entfernung.

Zurück zu den geometrischen Figuren: Eine ganz spezielle Sonderform eines gleichschenkligen Dreiecks ist das gleichseitige Dreieck. Es hat drei gleich lange Seiten und daher auch drei gleiche Winkel. Auf Seite 66 werden wir das brauchen.

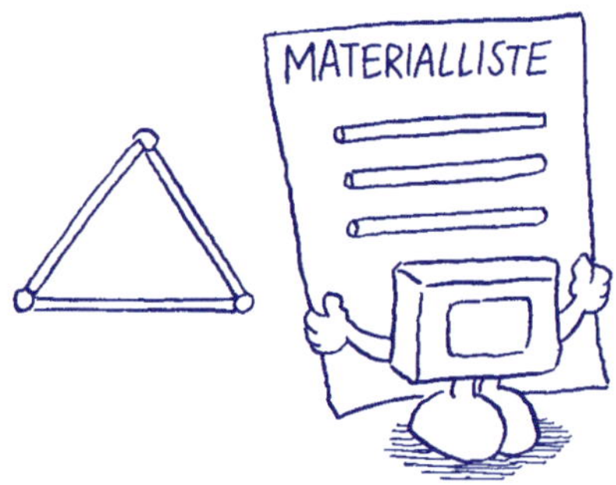

Auch das **rechtwinklige Dreieck** ist ein ganz berühmter Sonderfall eines Dreiecks.

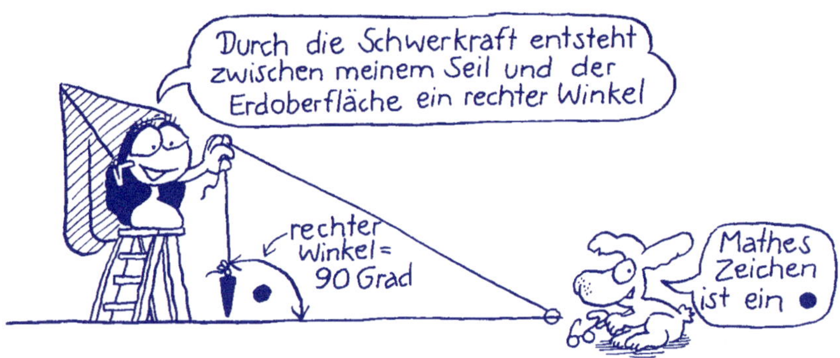

 41273 72458 70066 06315 58817 48815 20920 96282 92540 91715 36436 78925

Pythagoras von Samos hat sich um diese Dreiecksform in besonderer Weise verdient gemacht.

Er erforschte einen Spezialfall des rechtwinkligen Dreiecks, das schon bei den Baumeistern Ägyptens verwendet wurde. Steckte man das Seil mit den 3, 4 und 5 Knoten, wie abgebildet, in den Sand, entstand an einer Ecke stets ein bildschöner rechter Winkel.

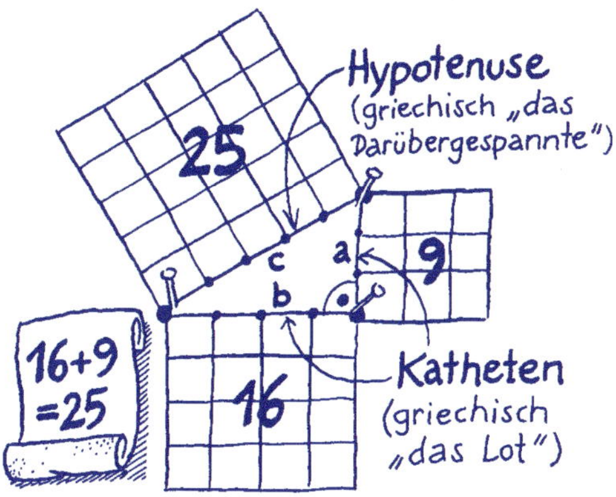

Pythagoras tüftelte, bis er das Gesetz herausgefunden hatte, das dem ägyptischen Handwerkszeug zu Grunde lag. Er errichtete über jeder der drei Seiten ein Quadrat. Die Quadrate der beiden Seiten links und rechts vom rechten Winkel sind zusammengezählt genauso groß wie das Quadrat über der langen Seite.

Das gilt für alle rechtwinkligen Dreiecke, nicht nur für die praktische ägyptische 3-4-5-Knotenschnur: Aus der einzelnen Beobachtung ist der allgemeine Lehrsatz des Pythagoras geworden. Er kann heutzutage ganz kurz und praktisch mit Hilfe von Variablen geschrieben werden:

$$a^2 + b^2 = c^2$$

Es gibt über 100 verschiedene Beweise für diesen Lehrsatz. Einen besonders originellen in Puzzleform zeige ich dir hier.

Die Flächen der beiden Quadrate sind gleich groß, denn die Seiten sind jeweils $a + b$. Da beide Quadrate 4 mal dasselbe rechtwinkelige Dreieck enthalten, muss die Fläche des schraffierten Quadrats links mit der Summe der schraffierten Quadratflächen rechts übereinstimmen.

Ist das nicht alles wunderbar einfach: Eine Figur mit vier Eckpunkten heißt – jawoll – **Viereck**.

Wieder gibt es allerhand Sondermodelle – das Parallelogramm zum Beispiel.

Ein spezielles Modell eines Parallelogramms ist das Rechteck. Hier stehen die Seiten rechtwinklig aufeinander.

Ein noch spezielleres Modell ist das Quadrat. Es ist ein Parallelogramm mit vier gleich langen Seiten und vier rechten Winkeln.

Das Quadrat ist die ideale Figur schlechhin und ist deshalb auch das Maß für die Flächenberechnung.

Damit kann man sehr praktisch die Fläche eines Rechtecks messen. Die Formel dafür kennen wir ja schon.

Aber wie kann man damit die Fläche eines Dreiecks messen? Hier hilft ein Trick namens Flächenverwandlung.

Die Fläche eines Dreiecks ist also gleich Fläche eines Rechtecks, das die Grundlinie als Länge und seine halbe Höhe als Breite hat.

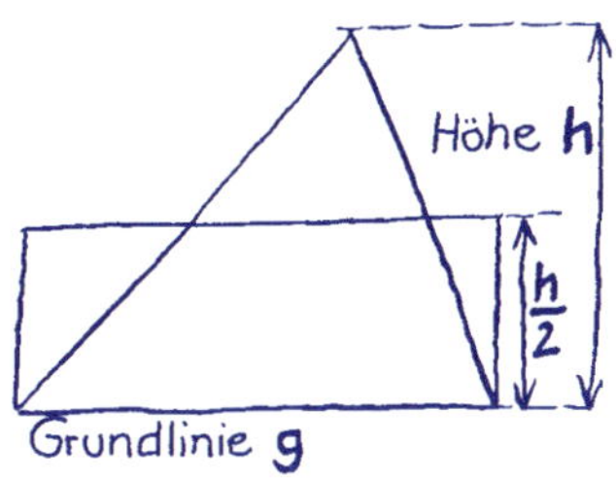

Bei Flächenberechnungen stoßen wir aber sehr bald auf Probleme. Es ist leider nicht immer so, dass sich eine Fläche als ganzzahliges Vielfaches einer anderen darstellen lässt.

Oder umgekehrt: Eine Fläche ist zum Beispiel doppelt so groß wie eine andere – das gilt aber nicht für die Seiten.

Schon die alten Griechen sind auf dieses Problem gestoßen.

Der gelehrte Sokrates hat damit den mathematisch nicht vorgebildeten Sklaven Menon aufs Glatteis geführt: „Ein Quadrat hat eine Seitenlänge von einem Fuß. Wie lang ist die Seite eines Quadrats mit der doppelten Fläche?“ Natürlich war die Antwort zunächst: „Zwei Fuß.“

Doch ein solches Quadrat hätte natürlich nicht die doppelte, sondern die vierfache Fläche.

Der Trick des Sokrates: Er betrachtet das Quadrat als vier gleichschenklig-rechtwinklige Dreiecke. Noch mal die vier außen angeklebt – und schon ist das Quadrat mit der doppelten Fläche da, auf der Spitze stehend.

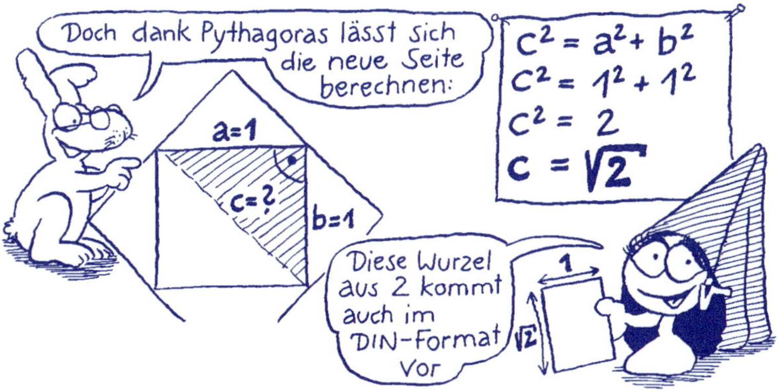

Die neue Seite ist ganz offensichtlich nicht einfach doppelt so lang. Die zwei Seiten können miteinander nicht durch ganze Zahlen verglichen werden. Das war für die alten Griechen schon ein Problem (denn nur die ganzen Zahlen sind göttlich ...).

Die Lösung ist wieder einmal eine Zahl mit unendlich vielen nicht periodischen Dezimalstellen.

Das regelmäßige 6-Eck besteht aus 6 gleichseitigen Dreiecken. So kann man weitermachen mit dem regelmäßigen 7, 8, 9, 10...-Eck bis zu unendlich vielen Ecken. Dann gibt es nur noch Ecken und keine Seiten mehr. Nun ist das Ganze ein Kreis. So ähnlich musste wohl Archimedes gedacht haben, wie du zwei Seiten weiter sehen wirst.

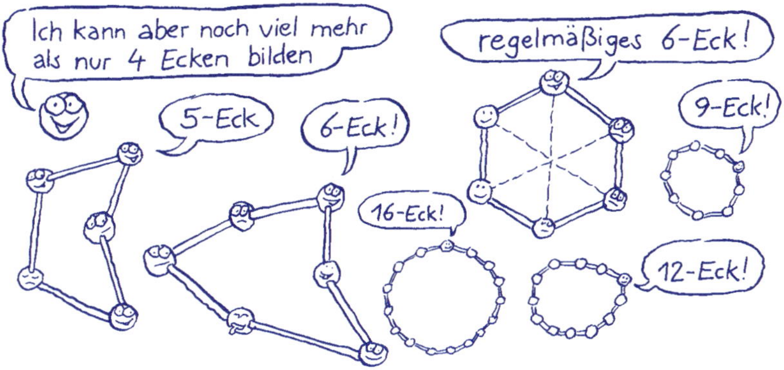

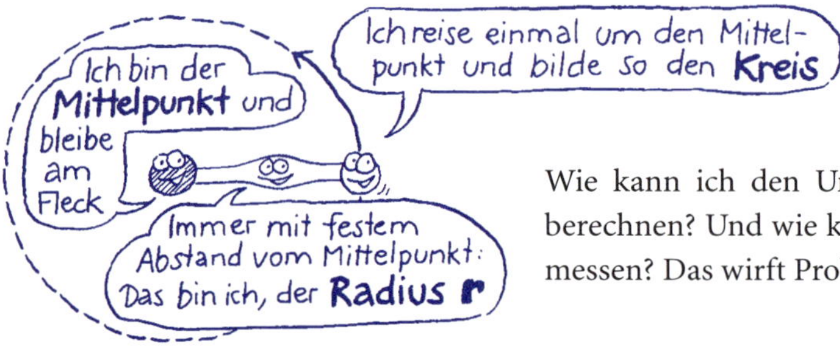

Wie kann ich den Umfang eines Kreises berechnen? Und wie kann ich seine Fläche messen? Das wirft Probleme auf.

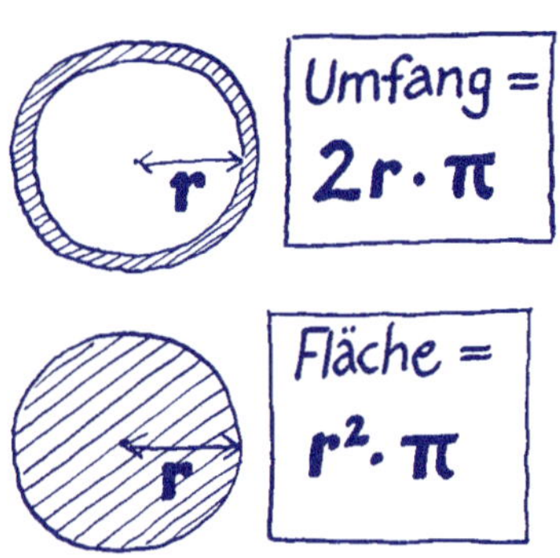

Die Lösung ist eine Formel mit einer Konstanten, eben der Kreiszahl π („Pi"), die uns schon seit längerem im Fußtext begleitet. Der Umfang eines Kreises ist das Doppelte des Radius multipliziert mit dieser unbekannten Zahl. Die Fläche des Kreises ist das Quadrat des Radius (Radius mal Radius) multipliziert mit π.

Der Grieche Archimedes lebte zu Beginn des dritten Jahrhunderts vor Christus in Syrakus (Sizilien).

Als die Stadt von den Römern erobert wurde, saß der greise Mathematiker im Garten und zeichnete Figuren in den Sand. Sein Leben lang war er auf der Suche nach Annäherungen für die Kreiszahl π. Ein römischer Legionär betrat mit festem Schritt den Garten. Der Greis bemerkte, dass ein Fuß in seine Linien tritt und er sprach die berühmten Worte: „Störe meine Kreise nicht."

Fast im gleichen Augenblick macht das Schwert des Legionärs seinem Leben ein Ende.

Wie weit wäre die Mathematik heute, hätte er länger leben dürfen?

So funktioniert die Berechnung mit Annäherung. Man konstruiert Vielecke mit 6, 12, 24, 48, ... oder noch mehr Ecken. Also eine Art Rosette, die einem Kreis sehr ähnlich wird. Die Fläche der Dreiecke in der Rosette lässt sich berechnen.

Mit einer sechseckigen Rosette wird π noch sehr schlecht angenähert.

Mit einem 12-Eck kommt man der Sache schon näher ...

Im Gegensatz zum 6-Eck müssen wir hier wirklich rechnen. Wir verwenden wieder einen Kreis mit dem Radius 1. π ist dann der halbe Kreisumfang, wie die obere Formel zeigt. Der Umfang des 12-Ecks ist 12mal die Seite. Um die 12-Eck Seite zu berechnen, brauchen wir zweimal die Formal von Pythagoras.

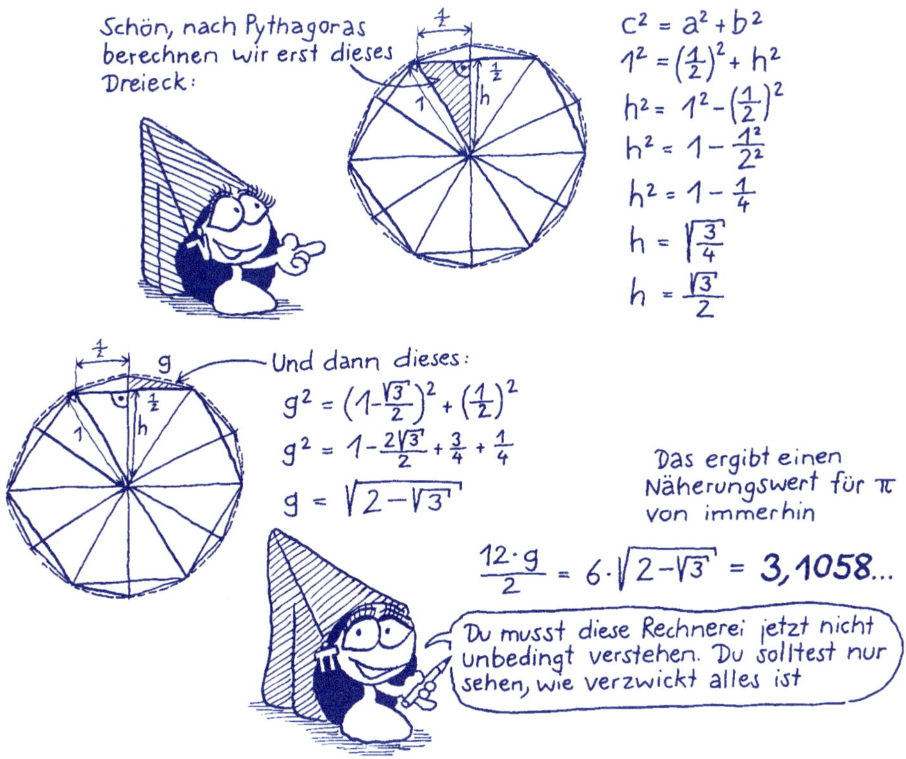

Erst bei ziemlich vielen Ecken wird der Näherungswert annehmbar genau.

Noch genauer wird es, wenn man mit zwei Vielecken arbeitet, die den Kreis außen und innen umgeben: Außen und innen um den Kreis herum wird jeweils eine Rosette gezeichnet und berechnet. Der Umfang des Kreises muss zwischen den Umfängen der beiden Rosetten liegen. Je mehr Ecken man den Rosetten gönnt, um so genauer wird das Ganze.

Archimedes fing ebenfalls mit einem Sechseck an. Er verdoppelte diesen Wert viermal (bis zum 96-Eck) und engte den Wert von π damit auf das Intervall von $3\frac{10}{71}$ bis $3\frac{1}{7}$ ein. Bis Mitte des 17. Jahrhunderts griffen fast alle Versuche, π zu berechnen auf diese Methode zurück.

π ist eine Zahl mit unendlich vielen Dezimalstellen. Du findest die ersten 1000 am unteren Rand dieses Kapitels.

Zur Veranschaulichung, wie wahnsinnig eine derart hohe Genauigkeit von π ist, folgende absurde Handwerkergeschichte:

Stell dir vor, du bekommst von der amerikanischen Regierung den Auftrag, einen Edelstahlring um unser gesamtes Milchstraßensystem zu legen (der Zweck dieses Unternehmens ist strengste Geheimsache!). Der Ring muss äußerst präzise sein und auf einen millionstel Millimeter genau stimmen. Bevor du den Auftrag annimmst, solltest du ausrechnen, ob der Edelstahlvorrat unseres Planeten überhaupt ausreicht

 47303 59825 34904 28755 46873 11595 62863 88235 37875 93751 95778 18577

und willst natürlich auch noch ein paar äußerst genaue Berechnungen und Pläne beilegen. Wie viele Nachkommastellen von π wirst du benötigen, damit das Stück auch wirklich auf den millionstel Millimeter genau berechnet wird? Allerhöchstens 35 Stellen!

Da kannst du mal sehen, welche absolut außerirdische und sogar außergalaktische Genauigkeit in diesem preiswerten Büchlein steckt!

Beispiel 3.1: Deine Daumenbreite als Entfernungsmessgerät

Beispiel 3.2: Die Kunst der ägyptischen Pyramidenbauer – weitere Knotenschnüre

Beispiel 3.3: Die Möndchen des Hippokrates

Kapitel 4

MALEN NACH ZAHLEN

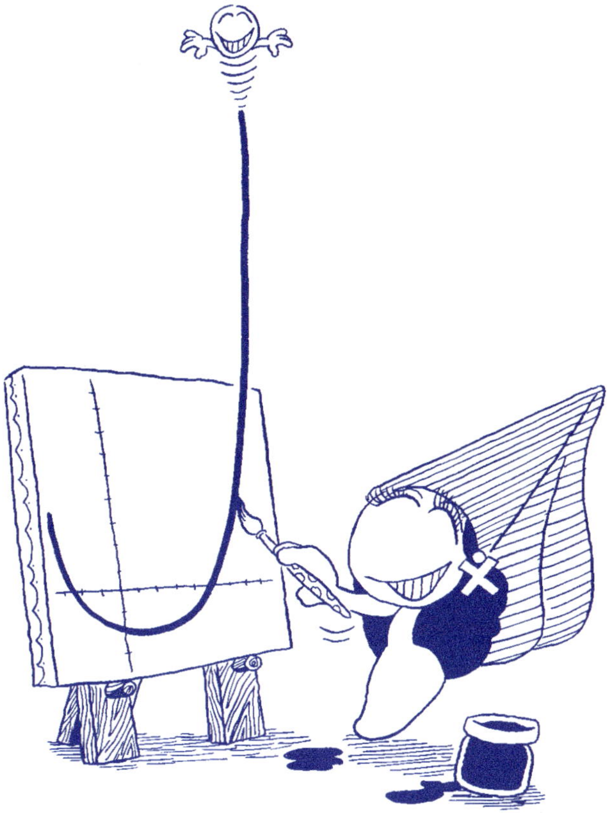

Funktionen, Koordinaten und Graphen

Mathematische Beziehungskiste

Beginnen wir mit einer der berühmtesten Beziehungskisten, leicht modernisiert: Romeo will mehr Kontakt zu seiner Julia. Deswegen möchte er ihr ein Handy schenken und bei seinem Provider anmelden. Aber zu welchem Tarif? Es gibt einen Normaltarif mit 9 Talern monatlicher Grundgebühr und 0,02 Talern pro Gesprächsminute (von Handy zu Handy im selben Netz, denn beide wollen ja vor allem turteln, wenn sie getrennt voneinander unterwegs sind). Daneben bietet der Provider noch einen Billigtarif für Leute, die wenig telefonieren: keine Grundgebühr, aber pro Gesprächsminute stolze 0,06. Ab wann lohnt sich für unser Pärchen der Normaltarif?

Romeo könnte durch Probieren auf eine Lösung kommen: für unterschiedliche Gesprächsdauer die beiden Tarife ausrechnen und vergleichen.

Genial wäre eine Methode, die ein System in diese Probiererei bringt. Die gibt es tatsächlich! Stell dir einen Operator vor, in den du nicht wahllos (wie Romeo) verschiedene Zahlenwerte eingibst, sondern wo du durch eine gezielte Eingabe von wenigen Werten sehr schnell zu einem Ergebnis kommst. Bei diesem Operator steht bei der Ein- und Ausgabe je eine Schachtel. Die Eingabe nennen wir *x*, die Ausgabe *y*. Als Ergebnis kommt eine Liste heraus, in der es zu jedem Wert von *x* einen *y*-Wert gibt. Man könnte auch sagen: Unser neuer Spezialoperator setzt die *x*- und die *y*-Kiste zueinander in Beziehung.

Der offizielle Name für diesen ausgesprochen bequemen Superoperator ist „Funktion". Im Grunde genommen besteht er aus einer Rechenvorschrift:

Für jeden beliebigen Wert von *x*, den du auf der rechten Seite einsetzt, gibt die **Funktion** auf der linken Seite einen bestimmten Wert von *y* aus. Das „Argument" *x* bezeichnet man auch als „unabhängige Variable", den Funktionswert *y* als „abhängige Variable", denn sein Wert hängt ja von *x* ab.

Eine Funktion ist eine Art Transformator, der wie ein Operator aus einer Eingangsgröße eine einzige Ausgangsgröße erzeugt. Es gibt auch Funktionen mit mehreren Eingängen, aber die brauchst du erst für kompliziertere Probleme. Deshalb beschränken wir uns auf Funktionen mit einem Eingang. Die haben den Vorteil, dass sie ihre Ergebnisse nicht nur als Liste, sondern sozusagen in Comicform ausgeben können.

Am schnellsten wirst du das Wesen einer Funktion verstehen, wenn du sie in gezeichneter Form siehst.

Dabei wird der praktische Umstand genutzt, dass ein Blatt Papier zwei Dimensionen hat: eine Richtung für die Abszisse *x*, die andere für die Ordinate *y*. Damit diese allzu simple Idee nach etwas mehr aussieht, wurde ihr wenigstens ein komplizierter Name verpasst:

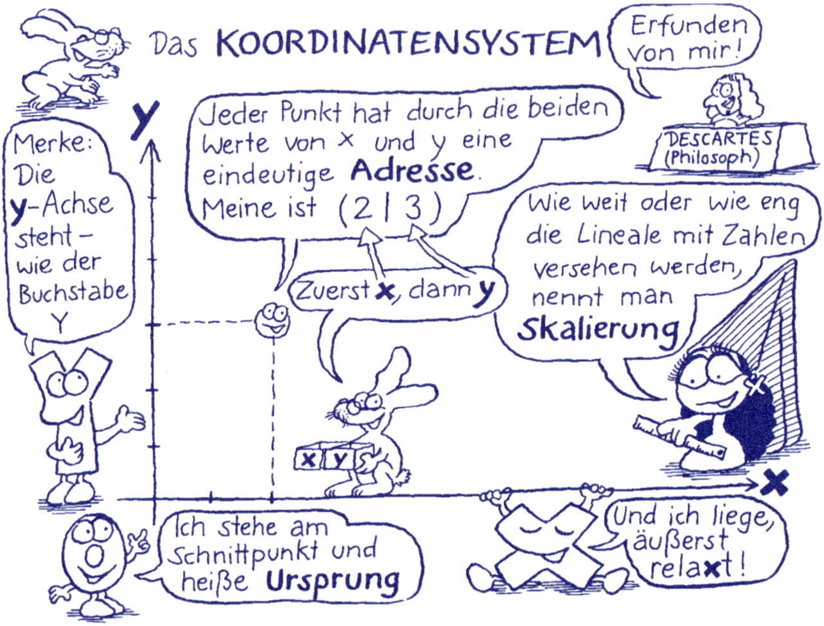

Mit dem Inhalt der beiden Variablen *x* und *y* ist jeder Punkt zweifelsfrei definiert.

Meine beiden Variablenschachteln enthalten auch oft negative Werte. Die beiden Koordinatenachsen teilen die Ebene dadurch in vier Viertel. Wieder ist die Angelegenheit so schlicht, dass ein hochtrabender Name her muss, um sie entsprechend aufzumotzen.

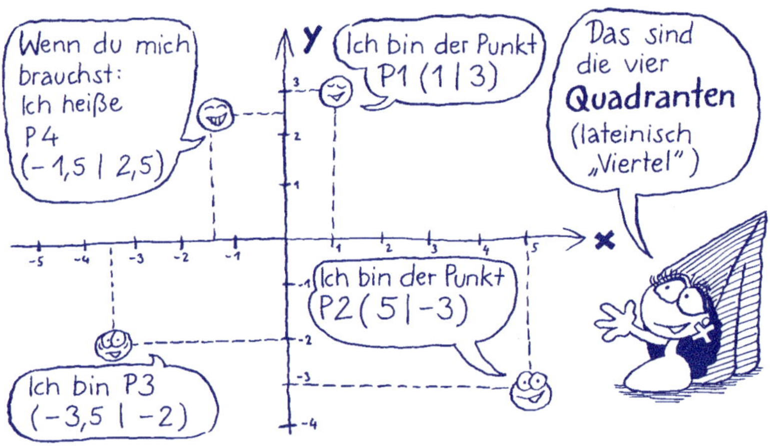

Nehmen wir zum Üben zunächst eine ganz einfache Funktion, die du ebenso gut „Verdoppelungsoperator" nennen könntest:

In komplizierteren Fällen leistet der Taschenrechner nützliche Dienste bei der Berechnung der Funktionswerte.

Noch besser verwendest du ein Computeralgebraprogramm, das dir sofort die Graphen im Koordinatensystem darstellen kann.

Endlich hat Romeo das Werkzeug, um sein Handyproblem zu lösen.

Er will erfahren, wie lange Julia mit dem Billigtarif günstiger fährt. Romeos Geistesblitz: Sowohl der Normaltarif als auch der Billigtarif stellen je eine Funktion dar.

Jetzt kann er die beiden Tarife zeichnen. Wenn er beide Schaubilder in ein Koordinatensystem einträgt, lässt sich die Frage nach dem besseren Vertrag grafisch lösen.

Den jeweiligen Preis sieht Romeo an der Höhe des Punkts über der x-Achse. Bei genauer Zeichnung erkennt er, dass Julia mit dem Billigtarif bis 225 Minuten (3,75 Stunden) günstiger telefoniert. Erst wenn sie ihren Romeo mehr als 225 Minuten anschmachtet, lohnt sich der Normaltarif.

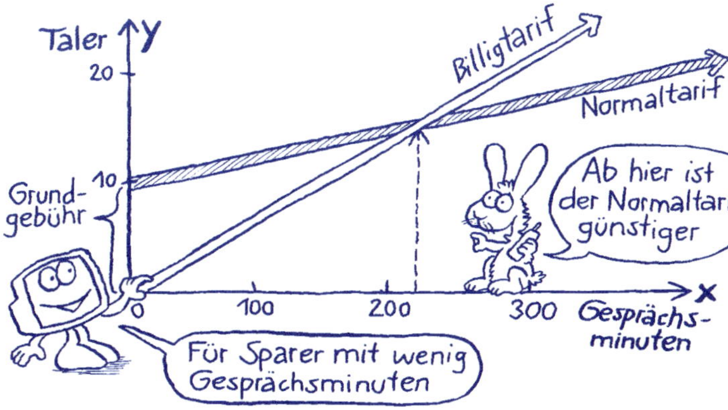

Diese Funktionen, die gezeichnet allesamt Geraden ergeben, nennen wir lineare Funktionen (Eselsbrücke: Ein Lineal ist ja auch gerade). Allgemein können wir eine **lineare Funktion** schreiben als:

Beim Billigtarif im Handybeispiel ist die Grundgebühr b gleich 0, beim Normaltarif dagegen gleich 9. Beim Billigtarif beträgt der Minutenpreis $a = 0{,}06$ und ist somit größer als beim Normaltarif mit nur $a = 0{,}02$. Deshalb steigt die Gerade hier schneller an als beim Normaltarif.

Der Wert a bestimmt, wie schnell die Gerade wächst oder fällt. Die Mathematiker nennen deshalb a die Steigung der Geraden.

Übrigens wird statt a auch k oder m und statt b auch d oder n verwendet.

Erinnerst du dich an die Luxusausgabe des Multiplikationsoperators?

Wenn du den Exponenten der Potenz festnagelst (z.B. auf zwei oder drei), die Basis aber beliebige Werte annehmen darf, dann erhältst du die **Potenzfunktionen** $y = x^2$ bzw. $y = x^3$.

Gezeichnet ergibt das eine schwungvolle Kurve.

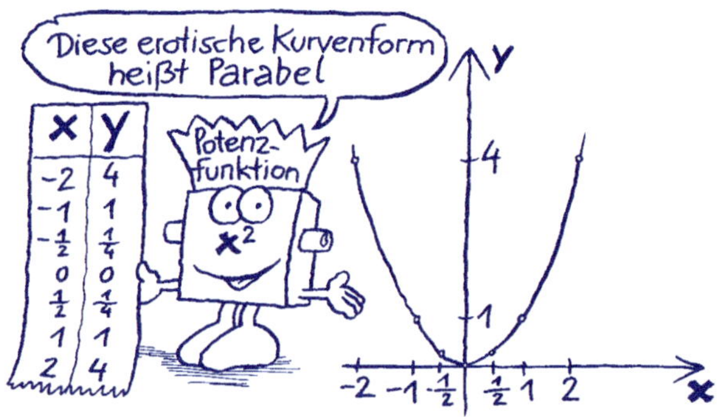

Du kannst auch mehrere solche Potenzfunktionen zusammenbauen, dann nennt man sie Polynome. Wenn eine Funktion z.B. so aussieht $y = A{\cdot}x^2 + B{\cdot}x + C$, dann nennt man sie „quadratisches Polynom", wobei die Parameter A, B und C Stellvertreter für völlig beliebige Zahlen sind.

Hier eine Auswahl von häufig gebrauchten Funktionen:

Etwas so Kompliziertes wie die **quadratische Polynomfunktion** kann bei etwas so Einfachem wie dem Herstellen eines Bilderrahmens vorkommen.

Ein Maler hat eine wertvolle schmale Goldleiste von 160 Zentimeter Länge, die er – ohne dass dabei Abfall entsteht – als Rahmen für ein zu malendes Bild verwenden will. Das Bild soll dabei möglichst groß werden.

Wie soll das Bild dimensioniert werden?

Die Flächen, die dabei entstehen, sind jeweils verschieden. Der gewissenhafte Maler wird schlauerweise eine Tabelle erstellen, in der er die Bildbreite und die dadurch entstehende Fläche einträgt.

Breite	Höhe =80-Breite	Fläche =Breite·Höhe
10	70	700
15	65	975
20	60	1200
25	55	1375
30	50	1500
usw.		

Wie bei der Gleichung kommt es jetzt zu einem Vorgang, den einem kein Computer abnehmen kann: aus der Aufgabenstellung das Funktionsgesetz ableiten.

Wenn du die Klammer ausmultiplizierst, siehst du, dass es sich um eine quadratische Polynomfunktion handelt.

Mit diesem Funktionsgesetz kann der Maler nun seine Tabelle noch etwas erweitern. Für jeden Wert von *x* wird er es aber niemals schaffen. Daher versucht er, das Ganze wahrhaft malerisch zu lösen und durch die von ihm errechneten Punkte eine Kurve zeichnen.

Es wird sofort deutlich, dass die Kurve einen Höchstwert (ein Maximum) hat. Es gibt also eine optimale, größte Fläche, die mit der Leiste umfasst werden kann.

Streng genommen ist der Beweis durch die Kurve allein noch nicht erbracht. Es könnte ja beispielsweise Werte ganz in der Nähe der 40 geben, die eine noch größere Fläche erbringen. In der Mathematik gibt es dafür das Spezialgebiet „Extremwertaufgaben“, auch bekannt und berüchtigt als Teilbereich der Differential- und Integralrechnung.

Zum Beispiel lassen sich aus Potenzen mit negativen Hochzahlen eine Menge neuer Funktionen ableiten.

Sie haben ein interessantes Aussehen.

Das hängt zusammen mit der Division durch Null. Die Funktion hat an der Stelle $x = 0$ keinen Wert; sie ist dort nicht definiert.

Aber wie zeichnet man „keinen Wert“?

x	y
2	0,5
1	1
0,5	2
0,33	3
0,25	4
0,001	1000
0	Error!
−0,001	−1000
−0,01	−100
−0,1	−10
−0,5	−2
−1	−1
−2	−0,5

So eigenartig es klingt: An so einer Kurve kannst du die Unendlichkeit sehen. Es ist klar, dass x niemals den Wert Null annehmen darf. Auch y wird niemals den Wert Null annehmen, und wenn du x noch so sehr vergrößerst.

Besonders merkwürdig ist die Tatsache, dass es sich eigentlich nicht um zwei, sondern nur um eine Kurve handelt. Die beiden Teilstücke berühren sich – allerdings nur in der Unendlichkeit. $x = 0$ ist eine Unendlichkeitsstelle dieser Funktion (fachmännisch ein „Pol“).

Auch bei allen weiteren Funktionen, die wir hier zeigen, lässt sich ein Zusammenhang mit Potenzen herstellen.

Dass es zu Operatoren Umkehroperatoren gibt, haben wir schon gesehen. Beim Potenzoperator ist es der Wurzeloperator. Wenn du nun statt 100 eine Variable x nimmst, dann ist das eine Wurzelfunktion. Wir sagen, die **Wurzelfunktion** ist die Umkehrfunktion zur Potenzfunktion.

Wenn du y quadrierst, erhältst du x. Deshalb kannst du statt $y = \sqrt{x}$ auch ungeniert schreiben: $x = y^2$
(allerdings nur, solange x und y nicht negativ sind).

Die Verwandtschaft der Potenz- und Wurzelfunktionen ist so eng, dass du verblüffenderweise ganz ohne Wurzelzeichen auskommen kannst.

Wie geht das?

$$\sqrt{4} = \sqrt{2^2} = 2$$

$$(2^2)^{\frac{1}{2}} = 2^{\frac{2}{2}} = 2^1 = 2$$

Wir schreiben statt einer Wurzel eine Potenz mit der Hochzahl $\frac{1}{2}$ und zeigen dir durch Quadrieren, dass beides mal dasselbe herauskommt.

Diese Schreibweise ist wesentlich bequemer und kommt ganz ohne dieses Wurzelzeichen aus.

Weil die Wurzeln nun auch Potenzen sind, können wir uns die Regeln des Rechnens mit Potenzen zu Nutze machen.

Hier siehst du, wie einfach du rechnen kannst, wenn du Wurzeln als Potenzen mit gebrochenem Exponenten schreibst:

$$\sqrt{100} = \sqrt[2]{10^2} = 10^{\frac{2}{2}} = 10$$
$$\sqrt{10000} = \sqrt[2]{10^4} = 10^{\frac{4}{2}} = 10^2$$
$$\sqrt[3]{1000} = \sqrt[3]{10^3} = 10^{\frac{3}{3}} = 10$$
$$\sqrt[4]{625} = \sqrt[4]{5^4} = 5^{\frac{4}{4}} = 5$$

Beispiel 4.1: Kann eine lineare Funktion $y = a \cdot x + b$ jede beliebige Gerade auf dem Zeichenblatt darstellen?

Beispiel 4.2: Wie man eine Wurzel aus dem Nenner eines Bruchs wegzaubert?

Wie du weißt, gibt sich die Mathematik nie zufrieden, sondern sie probiert alles aus. Wir konstruieren jetzt Funktionen, bei denen die Basis eine fixe Zahl ist und der Exponent eine Variable, z.B. $y = 10^x$.

Diesen Funktionstyp nennt man **Exponentialfunktion**.

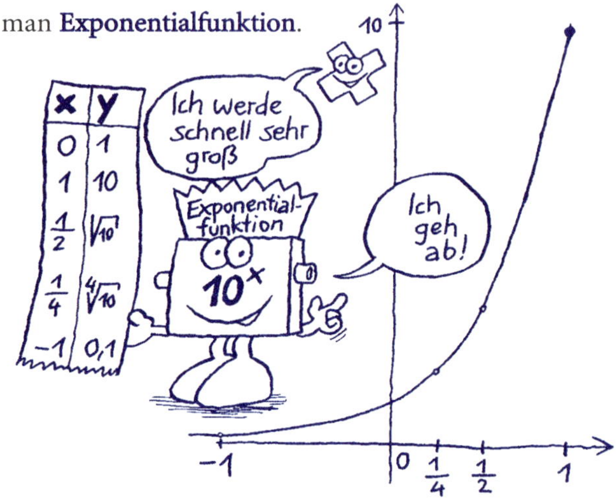

Diese Kurvenform ist typisch für viele Wachstumsprozesse. Dafür ist meistens nicht 10 die Basis, sondern eine neue geheimnisvolle Zahl, die du in Kapitel 6 kennen lernen wirst.

Wie die Potenzfunktionen möchten wir auch die Exponentialfunktion umkehren. Deshalb sollten wir erst einmal generell klären, was die Umkehrung einer Funktion bedeutet. Machen wir das mal am Beispiel der Potenzfunktion.

Welchen Operator brauchst du, um wieder auf das Ergebnis 2 zu kommen?

Hier noch ein anderes simples Beispiel für **Umkehrfunktionen**: die Verdoppelungs- und die Halbierungsfunktion.

Interessant wird die Frage nach der Umkehrfunktion bei der Exponentialfunktion, denn der Potenzoperator hat eigentlich zwei Umkehrungen.

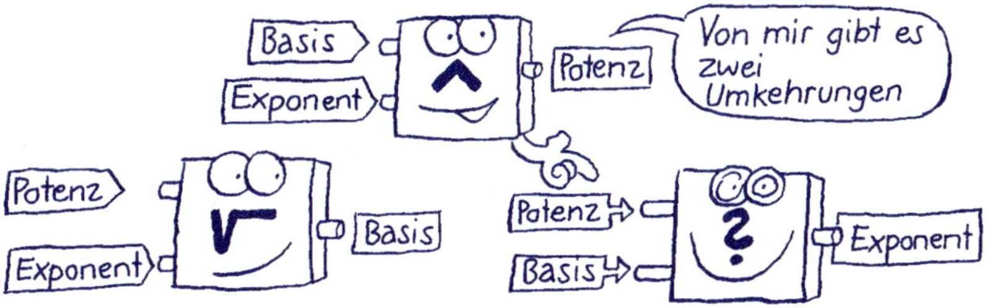

Der Wurzeloperator sucht die Basis. Es muss aber auch möglich sein, die Hochzahl zu suchen. Das macht der **Logarithmus**!

Theoretisch wäre der Logarithmus mit jedes Mal zusätzlich einzugebender Grundzahl möglich. Er hätte dann zwei Eingänge. In der Praxis tritt er aber nur in Sonderformen mit fester Grundzahl (Basis) auf. Für uns ist die bequemste Grundzahl wieder die 10. Dann hat auch der (zu Unrecht als kompliziert geltende) Logarithmusoperator nur einen Eingang und heißt als Funktion lg, auf Taschenrechnern oft auch log.

3 = lg(1000) sagt dasselbe aus wie 10^3 =1000. Du kannst dir das auch so vorstellen: lg(1000) bedeutet nichts anderes als die Hochzahl, die du brauchst, um aus der Zahl 10 die Zahl 1000 zu machen, und das ist eben 3. Im Grunde genommen ist es nur eine umgekehrte Schreibweise, der bei praktischen Problemen auch die umgekehrten Fragestellungen entsprechen.

Wie du auf Seite 43 nachlesen kannst, reduzieren sich beim Potenzieren die Rechenarten: Aus der Multiplikation der Potenzen wird die Addition der Exponenten etc. Das müsste sich bei den Logarithmen widerspiegeln. Und wirklich, das tut es!

$$\lg a + \lg b = ?$$

Zum Beispiel:

$$\underbrace{\lg 100}_{=2} + \underbrace{\lg 1000}_{=3} = 5$$

$$\lg(100 \cdot 1000) = \lg 100\,000 = 5$$

$$\lg 100 + \lg 1000 = \lg 100000 = 5$$

An diesem Beispiel kannst du es schön sehen: Die Summe zweier Logarithmen ist dasselbe wie der Logarithmus des Produkts.

Und hier alle Regeln:

$$\lg(a \cdot b) = \lg a + \lg b$$
$$\lg \frac{a}{b} = \lg a - \lg b$$
$$\lg a^b = b \cdot \lg a$$

Dass es zu diesem Logarithmusoperator wieder ein Verbotsschild gibt, wird dich nicht wundern.

Es gibt eben keine Hochzahl, die aus der (ja immer positiven!) Grundzahl (10 oder ein beliebiges a) eine negative Zahl oder eine Null macht.

Damit ist unser Ausflug in die Welt des Rechnens mit Logarithmen beendet. Als krönenden Abschluss wollen wir den Logarithmus als Funktion $y = \lg(x)$ zeichnen. Er ist die Umkehrfunktion zu $y = 10^x$.

Dass die **Logarithmusfunktion** die Umkehrfunktion der Exponentialfunktion ist, siehst du auch an der Verwandtschaft der beiden Kurven: Die Exponentialfunktion schießt steil nach oben und entfernt sich nur sehr langsam von der y-Achse. Die Logarithmuskurve dagegen tut sich schwer, an Höhe zu gewinnen. Ganz im Gegensatz zu dir, denn mit dem Durchblick bei Funktionen und Logarithmen bist du im Vergleich zum durchschnittlichen mathematischen Alltagswissen in grandiose Höhen vorgedrungen. Ich erlaube dir an dieser Stelle, dir kräftig auf die Schulter zu klopfen!

Kapitel 5

DIE ENTDECKUNG DES UNBEKANNTEN

Gleichungen

Mathematik in der Waagschale

Stell dir vor, du hättest um die Erde ein Seil so eng gespannt, dass es überall ganz straff anliegt (der Erdumfang beträgt ca. 40.000 km). Dann verlängerst du das Seil um genau einen Meter. Vermutlich wird es jetzt ein kleines Stück von der Erde abstehen. Wie weit genau? Kann sich eine Fliege darunter durchzwängen?

Ich will dich nicht auf die Folter spannen, sondern verrate dir gleich das verblüffende Ergebnis: Das Seil steht überall so weit ab, dass ein kleiner Hund oder eine Katze mühelos darunter durchschlüpfen können.

Was wir zur Lösung dieser ulkigen Aufgabe brauchen, ist eine Gleichung. Sie schaut immer so aus: Links und rechts stehen mathematische Ausdrücke. Darin dürfen Zahlen, Variablen, Klammern, Operatoren und Funktionen vorkommen.

Für das, was wir suchen, wird eine spezielle Variable verwendet.

Die Gleichung muss solange umgeformt werden, bis der Inhalt von *x* klar ist. Dazu muss auf jeder Seite das Gleiche geschehen, damit die Waage waagerecht bleibt. Diese Umwandlereien heißen **Äquivalenzumformungen**.

Was dir aber niemand abnehmen kann: aus der Aufgabenstellung die zugrunde liegenden Gesetze zu erkennen und daraus eine Gleichung zu bauen.

Die Formel für den Umfang der Erde ist: $2\pi r$

Wenn sich dieser Umfang um 1 m vergrößert, lautet die Formel für den Umfang des neuen Kreises: $2\pi r + 1$

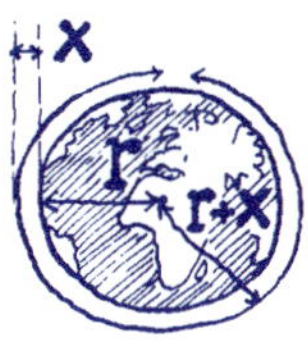

Dieser neue, etwas größere Kreis lässt sich auch von seinem neuen, um den Betrag x längeren Radius aus betrachten.

Die Formel für seinen Umfang lautet dann folgendermassen: $2\pi(r+x)$

Wir haben dadurch genau das, was wir für eine Gleichung brauchen: zwei Ausdrücke, die beide dasselbe bedeuten. In diesem Fall sind es zwei etwas unterschiedlich geschriebene Formeln für den Umfang des neuen Kreises. Damit lässt sich, wie man sagt, die Gleichung „ansetzen“:

$$2\pi r + 1 = 2\pi(r + x)$$

Jetzt brauchen wir das „distributive Gesetz“, um die Klammer auflösen zu können.

$$2\pi r + 1 = 2\pi r + 2\pi x$$

Im Folgenden werde ich Schritt für Schritt auf jeder Seite der Gleichung dieselben Sachen tun:

$$2\pi r + 1 - 2\pi r = 2\pi r + 2\pi x - 2\pi r$$

=0 =0

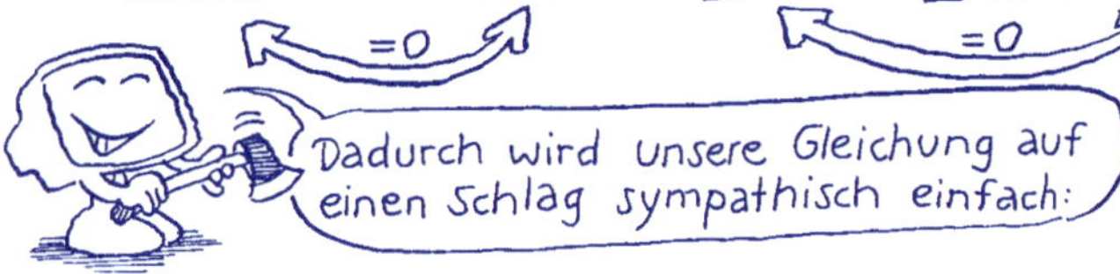

$$1 = 2\pi x$$

$$1 = 2\pi x$$

$$\frac{1}{2\pi} = \frac{2\pi x}{2\pi}$$

$$\frac{1}{2\pi} = x$$

$$x = \frac{1}{2\pi}$$

Im Ergebnis kommt weder der Radius noch der Umfang vor. Der Witz an unserem Beispiel: Die 40.000 km wurden für die Rechnung gar nicht gebraucht. Es ist also gleichgültig, ob du deinen Ring am Finger um 1 m verlängerst oder den Erdumfang. Der Radius vergrößert sich immer um knapp 16 cm.

Beispiel 5.1: Der vergessliche Hotelier

Beispiel 5.2: Haben alle Gleichungen auch eine Lösung?

Beispiel 5.3: Wie weit bin ich vom Gewitter entfernt?

Diese Gleichung war noch sehr einfach; die gesuchte Größe x hat sich direkt gezeigt. Solche Gleichungen heißen **lineare Gleichungen**.

Was könnte bei Gleichungen noch passieren?

Nun, die unbekannte Größe x könnte in einer Funktion, wie z.B. x^3 oder $\lg(x)$ versteckt sein. Kommt z.B. neben x auch noch x^2 in der Gleichung vor, dann nennt man sie „quadratisch". Das kann dann schon schwieriger werden.

In einem früheren Kapitel haben wir versprochen, zu entschleiern, warum das Papierformat DIN A5 – das Format dieses Büchleins – so krumme Seitenlängen hat. Der Grund: Wieder einmal wollte man System in das ganze Durcheinander von Formaten bringen.

Einmal möchte man, dass unser DIN-A5-Büchlein mit der Länge a und der Breite b aufgeklappt das nächstgrößere Format DIN A4 ergibt. Das DIN-A4-Blatt hat dann die Länge $2 \cdot b$ und die Breite a.

Damit die Blätter „ähnlich" sind – erinnere dich an „Ähnlichkeit" in der Geometrie – müssen die Seitenverhältnisse „proportional" sein, also $2 \cdot b : a = a : b$ oder als Bruchgleichung geschrieben:

$2 \cdot b^2 = a^2$ ist eine Gleichung mit 2 Unbekannten.

Nun müssen wir aber noch bei einer fixen Blattgröße beginnen! 1 m² für das größte Blatt bietet sich geradezu an. Wir bezeichnen es als DIN A0. Wenn wir dieses Blatt 5 Mal falten, dann hat es die Bezeichnung DIN A5 und die Fläche $\frac{1}{32}$ m².

Damit haben wir eine 2. Gleichung für unser DIN-A5-Blatt aufgestellt.

Was tun mit 2 Gleichungen?

Wir rechnen uns *b* aus der zweiten Gleichung aus und setzen in die erste ein.

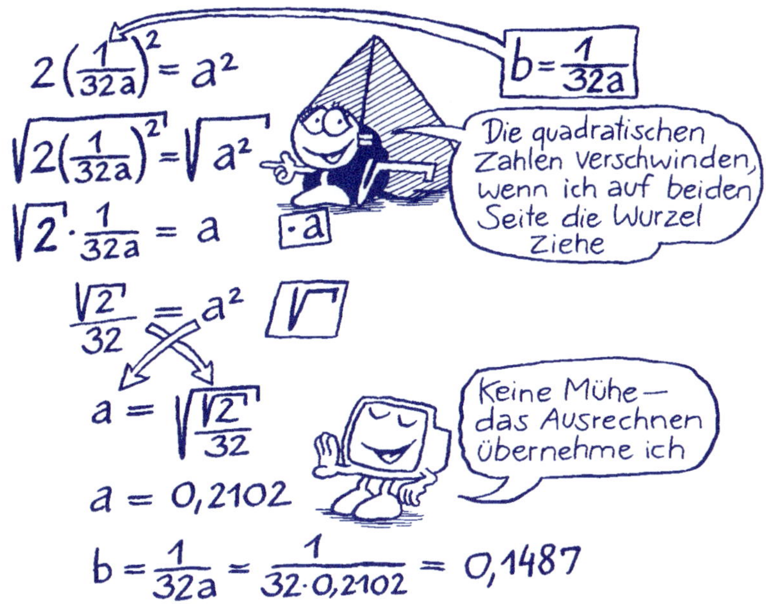

Diese Gleichung war zwar quadratisch, aber zum Glück so einfach, dass wir die Wurzel sofort ziehen konnten. Solche Gleichungen heißen **reinquadratisch**.

Natürlich wäre auch $a = -0{,}2102$ eine Lösung der quadratischen Gleichung, da auch $(-0{,}2102)^2$ positiv ist; wir können sie aber unterdrücken, weil negative Seitenlängen keinen Sinn ergeben.

Wir hatten hier 2 Gleichungen mit 2 Unbekannten, also eigentlich ein **Gleichungssystem**. Hinter der gezeigten Lösungsstrategie steckt ein ganz allgemeines Prinzip: Wenn du z.B. 5 Gleichungen hast, dann rechne in der bequemsten Gleichung eine Unbekannte aus und ersetze sie in **allen** übrigen Gleichungen.

Nun bleiben dir zwar nur 4 Gleichungen; sie enthalten aber auch nur mehr 4 Unbekannte. Nun kannst du denselben Vorgang mit 4 Gleichungen durchführen, also eine Unbekannte ausrechnen und in den 3 restlichen Gleichungen ersetzen. Wiederhole diesen Vorgang. Letztendlich bleibt dir – wie in unserem Beispiel – eine Gleichung mit nur einer Unbekannten. Die kannst du berechnen. Durch **Einsetzen** des gefundenen Wertes erhältst du den Wert für die nächste Variable etc.

So einfach, wie im DIN-A5-Beispiel sind quadratische Gleichungen selten. Hier ein zweites Beispiel.

Stell dir vor ein Bauer möchte seine 5 Kühe im Herbst noch für eine Woche auf die Weide schicken. Damit sie aber auch wirklich nur den Teil abgrasen, den sie für eine Woche benötigen, möchte er die Fläche mit einem elektrischen Weidezaun sichern. Er hat 260 m Zaun. Wie muss er die rechteckige Feldfläche dimensionieren, wenn er davon ausgeht, dass eine Kuh pro Tag 75 m² Weide abgrast.

Die Fläche $x \cdot y$ des Rechtecks, das der Bauer einzäunen muss, lässt sich leicht berechnen: $5 \cdot 75 \cdot 7 = 2625$ m².

Der Zaun muss den Umfang $2 \cdot x + 2 \cdot y = 2 \cdot (x + y)$ des Rechtecks umspannen. Daraus können wir zwei Gleichungen ableiten:

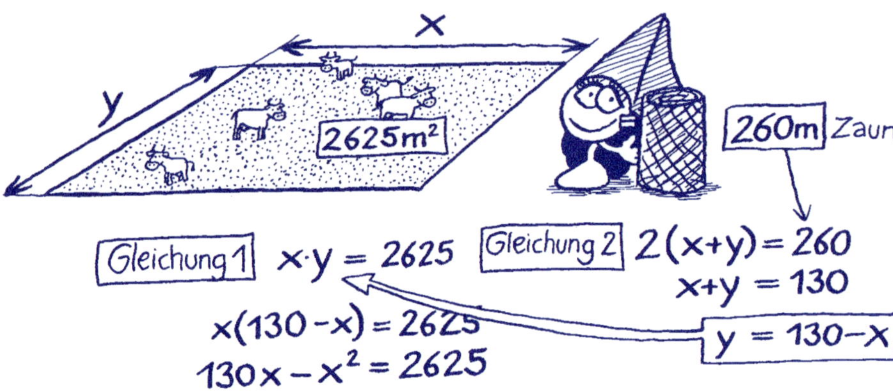

Diese Art von Gleichungen, die die Unbekannte x und ihr Quadrat x^2 enthalten, heissen **gemischt quadratische Gleichungen**. Leider ist dieser kompliziertere Fall der Normalfall bei quadratischen Gleichungen.

Wir ordnen sie zunächst einmal so um, dass das quadratische Glied vorne steht.

$-x^2 + 130 \cdot x = 2625$

Nun multiplizieren wir beide Seiten mit (- 1).

$x^2 - 130 \cdot x = -2625$

Ein Quadrat schafft man nur durch Wurzelziehen aus der Welt.
Das Problem: Wie fassen wir alle x unter einem Quadrat zusammen, damit wir dann die Wurzel ziehen können.

Das Geheimnis heißt: „quadratisch ergänzen“.
Und dazu brauchen wir eine binomische Formel, die wir bereits in Kapitel 2 kennen gelernt haben.

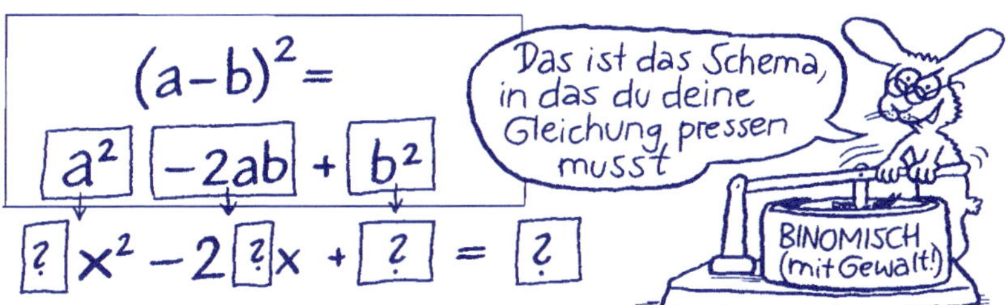

$$x^2 - 2 \cdot 65 \cdot x + 65^2 = 65^2 - 2625$$

$$(x-65)^2 = 1600$$

Jetzt können wir auf beiden Seiten die Wurzel ziehen.

$$x-65 = \pm 40$$

$$x_1 = 25 \qquad x_2 = 105$$

Wie kommen wir zu *y*?
Natürlich mit $y = 130 - x$

Wenn also $x = 25$ m ist, ergibt sich für $y = 105$ m; im andern Fall ist x und y vertauscht. Es sind zwar 2 Lösungen, die aber geometrisch dasselbe bedeuten. (Niemand hat je behauptet, dass x die Breite und y die Länge sein muss!)

Der entscheidende Lösungstrick war, die Summanden mit x^2 und x mit der binomischen Formel zu einem einzigen Quadrat zu ergänzen. Es wäre natürlich langweilig, diese quadratische Ergänzung für jede quadratische Gleichung separat durchzuführen. Es sind ja nur drei Zahlen, die letztendlich die Lösungen bestimmen.

Der erste notwendige Schritt besteht darin, die Glieder der Gleichung nach fallenden Potenzen der Unbekannten zu ordnen:

Wenn wir diese drei Zahlen als Variablen auffassen und genau beachten, welche Zahl mit welchem Vorzeichen vor x^2, vor x und als konstante Restzahl steht, können wir damit eine Lösungsformel zurechtzimmern.

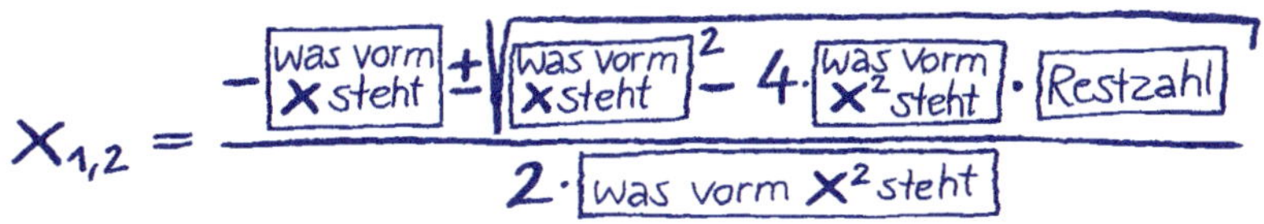

Ein wenig professioneller können wir die Gleichung und die Lösungsformel mit den Variablen *A*, *B* und *C* schreiben. Diese Formel nennen mache Leute „Mitternachtsformel“, weil du sie jederzeit parat haben solltest, sogar mitten in der Nacht.

Machen wir den Brauchbarkeitstest: Bei uns war $A = 1$, $B = -130$ und $C = 2625$.

$$x_{1,2} = \frac{-(-130) \pm \sqrt{(-130)^2 - 4 \cdot 1 \cdot 2625}}{2 \cdot 1} = \frac{130 \pm \sqrt{6400}}{2} = \frac{130 \pm 80}{2} = \begin{cases} 105 \\ 25 \end{cases}$$

Beispiel 5.4: Möchtest du wissen, wie die Mitternachtsformel entstanden ist?

Beispiel 5.5: Galileo Galilei und der schiefe Turm zu Pisa

Beispiel 5.6: Ein Sportclub möchte es seinen Zuschauern bequem machen

Neben der allgemein lösbaren linearen und der quadratischen Gleichung gibt es noch eine Menge von Gleichungen, die symbolisch lösbar sind. Allerdings geht dabei nichts ohne die wohlgefüllte Trickkiste. Durch diese Methoden sind aber meist nur sehr kunstvoll konstruierte Mathematikaufgaben lösbar. Für Probleme, die das wirkliche Leben stellt, reicht diese Trickkiste in sehr vielen Fällen nicht aus.

Ein ganz einfaches Problem zeigt dir das.

Die Molkerei möchte eine Milchpackung mit 1 Liter Inhalt in Form eines Quaders mit quadratischer Grundfläche a mal a und der Höhe h herstellen lassen. Vom aussen gewachsten, innen beschichteten und relativ teuren Papier soll wenig verbraucht werden. (Ein Würfel mit dem minimalen Papierverbrauch von 600 cm² soll es aber nicht sein, weil er unhandlich ist.)

Man entschließt sich, dass 620 cm² Papier pro Packung verwendet werden dürfen. Welche Kantenlängen ergeben sich daraus?

Der Inhalt *V* (=Volumen) ist einerseits mit 1 Liter, also 1000 cm³ vorgegeben, andrerseits als Produkt aus Grundfläche und Höhe berechenbar.

$$V = a^2 \cdot h = 1000$$

Die Einheit für die Volumsberechnung ist 1 cm³, das ist ein Würfel mit 1 cm Seitenlänge. Unser Volumen ist das Quadrat multipliziert mit der Höhe, das heißt der Anzahl der Würfelschichten, die ich über einander stapeln kann.

Die Oberfläche, das ist der Papierverbrauch, setzt sich aus vier Rechtecken und zwei Quadraten mit zusammen.

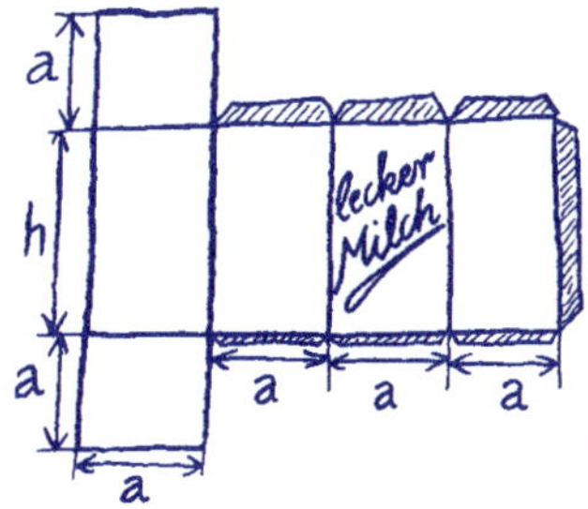

$$O = 4 \cdot a \cdot h + 2 \cdot a^2 = 620$$

Wieder ein Gleichungssystem; da wissen wir aber schon Bescheid. Wir berechnen h und setzen den Ausdruck in die andere Gleichung ein.

$$h = \frac{1000}{a^2}$$

Dann kürzen wir den ersten Bruch durch a und multiplizieren die ganzen Gleichung mit a. Das bringt sie auf die bruchfreie Form.

$$\frac{4000 \cdot a}{a^2} + 2 \cdot a^2 = 620$$

$2 \cdot a^3 - 620 \cdot a + 4000 = 0$

Das ist nun leider eine Gleichung dritten Grades. Cardano – ein schlauer Mann aus dem 16. Jh. – hatte einem gewissen Tartaglia die Lösungsformeln abgetrotzt, die seither Cardan'sche Formeln heißen. Diese Formeln sind aber so kompliziert, dass sie niemand verwendet.

Es geht viel einfacher mit einer „Näherungsmethode", wie wir sie in ähnlicher Form schon von Archimedes aus der angenäherten Berechnung von π kennen. Diese Methode hat den Vorteil, dass die Art der Gleichung dabei unwesentlich ist.
Es ist keine Formel, die nur bestimmte Gleichungen löst, sondern eine so genannte **numerische Methode** für beliebige Gleichungstypen.

Der Trick? Wir machen aus der linken Seite der Gleichung eine Funktion und fragen uns, wo diese Null wird, wo sie also die horizontale Achse (bei uns *a*) schneidet.

Das einzige Problem bei dieser Nullstellensuche liegt am Beginn des Verfahrens. Wir brauchen zwei konkrete Werte für *a*, für die die *y*-Werte unterschiedliches Vorzeichen haben! Das kann ein wenig Probieren erfordern.

Klar ist, dass wir für $a = 0$ den positiven *y*-Wert 4000 erhalten. Versuchen wir bei $a = 10$ einen negativen *y*-Wert zu finden; 10 ist wenigstens leicht einzusetzen. Tatsächlich haben wir Erfolg, denn $y(10) = - 200$.

Theoretisch könnten wir mit 0 und 10 beginnen. Das Ziel erreichen wir aber umso schneller, je näher diese Ausgangswerte beeinander liegen. Die Werte 8 und 10 sind ein brauchbarer Beginn.

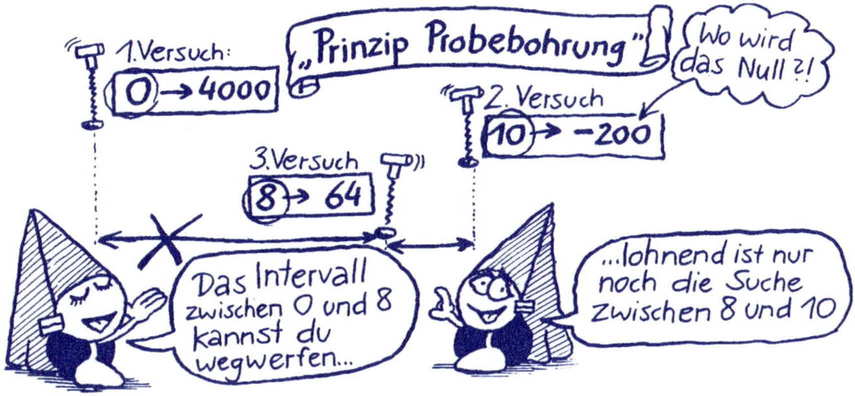

Der eigentliche Gag kommt aber jetzt. Wir berechnen den Halbierungspunkt zwischen 8 und 10, also *halb* = 9 und dazu wieder den *y*-Wert (etwas mühsam) mit - 122. Damit entstehen zwei Intervalle; von 8 bis 9 und von 9 bis 10.

Preisfrage: Zwischen welchen Werten für *a* liegt die Stelle, an der $y = 0$ wird? Natürlich zwischen 8 und 9, weil nur an diesen beiden Stellen die *y*-Werte unterschiedliche Vorzeichen haben und nur dann kann eine Nullstelle dazwischen liegen!

Das Intervall von 9 bis 10 ist wertlos; wir können es wegwerfen!

Erkennst du das Verfahren? Richtig: Immer wieder halbieren zwischen den a-Werten und diejenigen auswählen für die die y-Werte unterschiedliches Vorzeichen haben.

Wiederholen wir den Gag jetzt, weils so lustig ist. Wir halbieren noch einmal:
halb = 8,5. Der y-Wert ergibt: - 41,75.
Die Nullstelle muss also zwischen 8 und 8,5 liegen.

Wenn wir einige solche Schritte tun (oder vom Computer tun lassen), dann haben wir die Lösung so genau, wie es der Unterschied der a-Werte angibt.

Wir machen das jetzt nicht, ich verrate aber die Lösung: $a = 8{,}29$ cm.

Setzen wir diesen Wert in die Formel für h ein, so ist die passende Höhe der Verpackung $h = 14{,}55$ cm.

Wir haben eine Lösung des Problems. Es soll aber nicht verschwiegen werden, dass man bei dieser Methode nicht weiß, ob nicht noch andere – vielleicht bessere – Lösungen existieren.

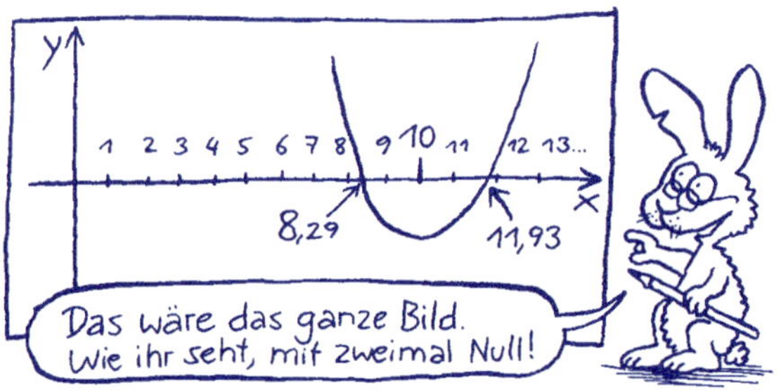

Bei unserer Fragestellung gibt es tatsächlich noch eine weitere Möglichkeit . Bei $a = 11{,}93$ liegt eine zweite Nullstelle. Der zugehörige Wert für h ist 7,02.

Nun muß die Molkerei entscheiden, ob eine Packung 8,3 mal 8,3 mal 14,5 handlicher ist, als eine mit den Maßen: 12 mal 12 mal 7.

Ich glaube der Fall ist klar!

Zumindest scheint es so in unserem Beispiel:

Es hätte nämlich auch sein können, dass unsere Kurve an einer Stelle zwischen den Startwerten 8 und 10 statt der Nullstelle eine „Unendlichkeitsstelle“ hat. Das merkst du aber schnell, weil die y-Werte verrückt spielen und wachsen, statt gegen Null zu gehen. Die Kurve in unserem Beispiel hat das glücklicherweise nicht.

Beispiel 5.7: Ein Angestellter des Milchhofs hat bezüglich der Handlichkeit eine noch bessere Idee

Beispiel 5.8: Kosten und Gewinn - ein heikler Balanceakt

Kapitel 6

WIE WACHSTUM FUNKTIONIERT

Diskrete und stetige Wachstumsvorgänge

Mathe als Anlageberaterin

Lange bevor das Bruchrechnen von jedermann beherrscht wurde, brauchten Kaufleute schon Bruchteile eines Geldbetrages, um elegant bei allen Geschäften einen Anteil für sich abzuzwacken. Sie behalfen sich, indem sie nur hundertstel Teile zuließen und nannten sie „pro centum" oder **Prozent**. So entstand schon früh eine Sonderform des Bruchrechnens, das Prozentrechnen.

Auch ein Zeichen wurde erfunden: %

Du bekommst 3% Rabatt auf einen Bruttowert von 1250 Talern.

Was bedeutet das?

Um herauszubekommen, was du bezahlen musst, gibt es zwei Wege.

Erster Weg: Du rechnest aus, wie hoch der Rabatt in Talern ist.

$$\frac{1250}{100}\cdot 3 = 12{,}50\cdot 3 = 37{,}50$$

Und den ziehst du dann ab vom Bruttowert. Fertig ist der Nettobetrag, den du bezahlen musst.

$$1250 - 37{,}5 = 1212{,}50$$

Das waren zwei Rechenschritte.

Sobald Prozentrechnungen etwas kniffliger werden, lohnt sich der zweite Weg: Du rechnest zuerst mit der Kuchenform und dann erst mit den echten Beträgen. In unserem Beispiel bedeutet das, den so genannten Verminderungsfaktor auszurechnen. Die Frage dazu lautet: „Mit was muss ich den Ausgangsbetrag multiplizieren, damit sofort der Endbetrag herauskommt?"

Wird ein Betrag um p% vermindert, so bedeutet das eine Multiplikation mit dem **Verminderungsfaktor**, den wir durch **Subtraktion** erhalten:

100% - p% oder $1-\frac{p}{100}$

Was glaubst du, ist es egal, ob du bei einem Betrag von 200 zuerst 7% Aktionsrabatt und dann 3% Skonto abziehst oder gleich sagst, das sind 10%, also 200 - 20 = 180?

Der Betrag 180,00, der sich durch Abzug von 10% ergibt, ist nicht richtig.

Wenn ich richtig rechne, muss ich zwei Mal mit dem Verminderungsfaktor multiplizieren. Für 7% ist der Verminderungsfaktor 0,93 und für 3% ist er 0,97.

$$200 \cdot 0{,}93 \cdot 0{,}97 = 180{,}42$$

Woher kommt der Fehler?

Das kannst du, wenn du Interesse daran hast, leicht nachprüfen. Bei falscher Rechnung ist der Verminderungsfaktor 1 - 0,1 = 0,9. Wenn wir die richtige Rechnung ausführlich schreiben und die Klammern mit Hilfe des Distributivgesetzes ausmultiplizieren, sehen wir den Fehler, den wir gemacht haben:

$(1 - 0{,}03)\cdot(1 - 0{,}07) = 1 - 0{,}03 - 0{,}07 + 0{,}0021 = 1 - 0{,}1 + 0{,}0021$

Der letzte Summand wird bei der falschen Berechnung unterschlagen. Wenn wir ihn mit dem Preis der Stiefel multiplizieren, erhalten wir 0,42. Das ist genau der Betrag, den der Verkäufer zu viel abzieht und damit die Firma schädigt.

Ist es gleich, ob ich zuerst 3% oder zuerst 7% abziehe?

Ja, denn die Reihenfolge der Multiplikationen ist gleichgültig. Jetzt, wo du weißt, dass Prozentrechnen eigentlich Multiplizieren ist, wirst du das alles in Zukunft selbstverständlich finden.

Bisher haben wir Prozentrechnen mit dem Verminderungsfaktor praktiziert. Viel erfreulicher ist das Prozentrechnen mit dem Vermehrungsfaktor, zumindest dann, wenn beispielsweise dein angelegtes Geld Zinsen abwirft. Bei einem jährlichen Zinssatz von 2 % ergibt sich ein Vermehrungsfaktor von 102 %, das heißt, wir müssen mit 1,02 multiplizieren. Der Vermehrungsfaktor taucht aber auch auf, wenn wir Mehrwertsteuer berechnen.

Wird ein Betrag um $p\%$ vermehrt, so bedeutet das wieder eine Multiplikation, allerdings mit dem **Vermehrungsfaktor**. Er entsteht durch **Addition**:

$100\% + p\%$ oder $1+\frac{p}{100}$

Hier bekommen viele Menschen Kopfweh, denn es geht um das Matheproblem „Prozentrechnen rückwärts".

Die Mehrwertsteuer zu einem Nettobetrag zu berechnen, das können wir schon. Da brauchen wir einfach den Vermehrungsfaktor. Der hat bei 16% den Wert 1,16.

Wir rechnen hier mit der in Deutschland erhobenen Mehrwertsteuer – die korrekterweise Umsatzsteuer heißt – und bei Redaktionsschluss dieses Buchs bei 16 % lag.

Der Bruttobetrag, den wir durch den Vermehrungsfaktor 1,16 bekommen, entspricht demnach 116%.

Diesen Bruttobetrag haben wir durch Multiplikation mit dem Vermehrungsfaktor 1,16 bekommen. Die Prozentrechnung rückwärts ist jetzt ganz einfach. Statt den Nettobetrag mit dem Vermehrungsfaktor zu multiplizieren, dividierst du einfach den Bruttobetrag durch den Vermehrungsfaktor 1,16.

$$\frac{180{,}42}{1{,}16} = 155{,}53$$

Hast du den Nettopreis, dann kannst du auch gleich die Mehrwertsteuer durch eine einfache Subtraktion vom Bruttowert ausrechnen.

$$180{,}42 - 155{,}53 = 24{,}89$$

Manchmal brauchen wir in der Praxis auch nur die Mehrwertsteuer. Da möchten wir gar nicht erst den Nettowert ausrechnen. Hier können wir auch den direkten Weg wählen, bei dem wir vom Bruttobetrag, der 116% entspricht, sofort auf die 16% des Mehrwertsteueranteils schließen.

$$\frac{180{,}42}{116}\cdot 16 = 24{,}89$$

Beispiel 6.1: Die Vermehrung der Ameisen in Bayern

Beispiel 6.2: Fit werden mit der Mehrwertsteuer

Beispiel 6.3: Weißt du, was eine „ewige“ Rente ist?

Stell dir vor, ein Vorfahre von dir, ein Gallier namens Zasterix, der um 30 v. Chr. geboren wurde, ist zu einem kleinen Vermögen gekommen. Er war ein weitsichtiger Mann und möchte, dass du dir im Jahr 2010 n. Chr einen Porschix leisten kannst. Zu diesem Zweck übergibt er an seinem 40. Geburtstag dem Bankier Wucherix 5 Taler.

Der Auftrag: Investieren in die Wildschweinmast, was eine jährliche Wertsteigerung von 2% garantiert, und Übergabe des entstandenen Vermögens im Jahr 2010 n. Chr. an dich! Wie groß – glaubst du – ist dein Vermögen? Reicht es für einen Porschix?

Nun, was passiert mit diesem Geld? Es trägt **Zinsen**. Im 1. Jahr sind das 5·0,02 = 0,1 Taler Zinsen. Naiverweise könnte man meinen, dass das in 2000 Jahren 200 Taler Zinsen wären. Damit wäre das Vermögen 5 + 2000·0,1 = 5 + 200 = 205. Nix mit Porschix!

So einfach ist es aber nicht. Nach einem Jahr ist das Vermögen tatsächlich – wie berechnet – 5·1,02 = 5,1. Der Vermehrungsfaktor 1,02, mit dem das **Anfangskapital** $K_0 = 5$ multipliziert wird, heißt bei den Bankern Aufzinsungsfaktor und wird meist mit r bezeichnet. Zasterix hat also nach einem Jahr das Kapital $K_1 = K_0 \cdot r$.

Stell dir vor, dein Vorfahre Zasterix käme am 2. Januar – der 1. Januar ist das Fest des Wildschweins, also Feiertag – des Jahres 11 n. Chr. zu Wucherix, um die 5,1 Taler abzuheben und gleich wieder anzulegen, dann würden im 2. Jahr nicht wieder 5 Taler verzinst sondern 5,1! Und genau das passiert, auch wenn Zasterix nicht wieder bei Wucherix auf der Matte steht! Und weil nun auch von dem schon vorhandenen 0,1 Taler Zinsen des ersten Jahres wieder Zinsen berechnet werden, heißt das „Zinseszins bei einjähriger Zinsperiode“.

Und das geht nun über 2000 Jahre so weiter: Zinsen, Zinsen von Zinsen, Zinsen von Zinsen von Zinsen ....

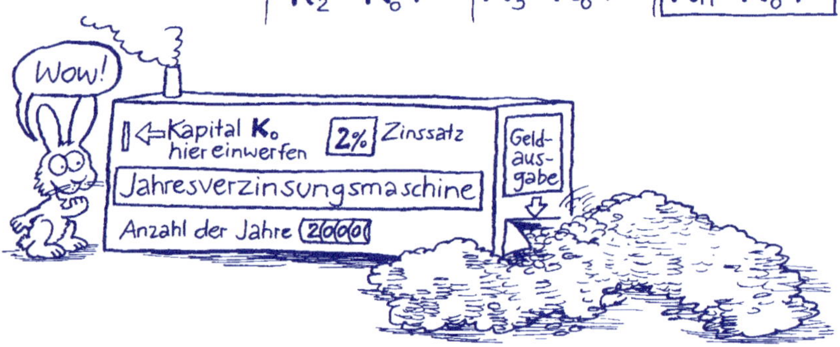

Nach 2000 Jahren hast du $K_{2000} = K_0 \cdot r^{2000} = 5 \cdot 1{,}02^{2000} = 793\,073\,663\,801\,884\,000{,}00$. Das reicht für viele Porschix!

So weit die höchst erfreuliche Wirkung der Geldanlage über lange Zeiträume, leider nur sehr theoretisch. Aber lass uns das noch weiterspinnen. Denn dann werden wir eine für die Mathematik sehr wichtige Zahl entdecken, ungefähr so wichtig wie π aus Kapitel 3.

Zasterix, der ein unendlich schlauer Mann ist, macht es noch geschickter. Er geht schon nach einem halben Jahr zu Wucherix, um das Geld abzuheben. Dann bekommt er natürlich nur für das halbe Jahr Zinsen, aber er legt diesen Betrag sofort wieder an. So wird er nämlich zwei Mal im Jahr verzinst. Das wäre doch noch schlauer! Nach 2000 Jahren hätte das einiges ausgemacht.

$$r = 1 + \frac{1}{2} \cdot 0{,}02$$

$$K_{\frac{1}{2}} = K_0 \cdot \left(1 + \frac{1}{2} \cdot 0{,}02\right)$$

$$K_1 = K_{\frac{1}{2}} \cdot \left(1 + \frac{1}{2} \cdot 0{,}02\right) = K_0 \cdot \left(1 + \frac{1}{2} \cdot 0{,}02\right)^2$$

$$K_2 = K_0 \cdot \left(1 + \frac{1}{2} \cdot 0{,}02\right)^4$$

$$\boxed{K_n = K_0 \cdot \left(1 + \frac{1}{2} \cdot 0{,}02\right)^{2 \cdot n}}$$

Nun treibt Zasterix das Ganze auf die Spitze. Er geht jetzt vier Mal pro Jahr zur Bank. Die neue Formel ist nun absolut einsichtig:

Damit ergibt sich noch einmal eine Geldvermehrung, die du nun leicht selbst ausrechnen kannst.

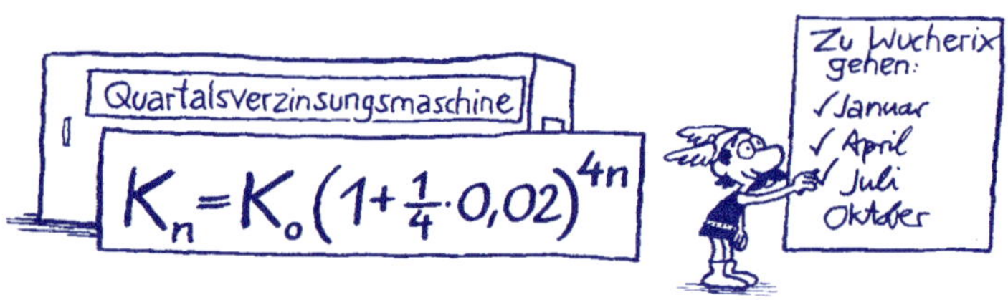

Nach 2000 Jahren immerhin: $K_{2000} = 5 \cdot 1{,}005^{8000}$ = 1 065 280 693 975 279 000,00

Wo soll das hinführen?

Womöglich sollte Zasterix täglich – oder gar jede Stunde – bei Wucherix erscheinen, abheben und schnell wieder anlegen. Möglicherweise könnte er dadurch dein Vermögen ins Unendliche steigern!

Nehmen wir an, Zasterix geht jedes Jahr k Mal zu Wucherix, um diese Prozedur zu vollziehen. Am Ende des 1. Jahres hat er dann bei unserem Jahreszins von 2%:

$$K_1 = K_0\left(1+\frac{1}{k}\cdot 0{,}02\right)^k$$

Wenn nun Zasterix bei Wucherix dauernd abhebt und wieder anlegt, dann bedeutet das, dass k immer größer und größer wird.

Konzentrieren wir uns auf das Wesentliche, also auf k. Lassen wir daher für den Moment den konstanten Faktor 0,02, der nur den Zinssatz betrifft weg, und schauen, was der Ausdruck macht, wenn k immer größer wird!

$$\left(1+\frac{1}{k}\right)^k$$

Im ersten Moment könnten wir glauben, dass die Potenz einer Zahl $1+\frac{1}{k}$, die ja größer als eins ist, ins Uferlose wachsen müsste. Dabei übersehen wir aber Folgendes:

Wenn k wächst, wird $\frac{1}{k}$ immer kleiner; strebt also gegen null!

$1+\frac{1}{k}$ wird dabei immer näher an eins heranrücken und wenn wir eins potenzieren, kommt immer wieder eins heraus, egal wie groß die Potenz ist!

Hier laufen zwei Prozesse gegenläufig ab, die aber durch k untrennbar miteinander verbunden sind! Das Wachsen des Exponenten und das Schrumpfen der Basis gegen eins!

Was passiert nun wirklich mit diesem Ausdruck?

$$\left(1+\frac{1}{100}\right)^{100} = 2{,}704\,813\,829$$

$$\left(1+\frac{1}{1000}\right)^{1000} = 2{,}716\,923\,932$$

$$\left(1+\frac{1}{1000\,000}\right)^{1000000} = 2{,}718\,145\,927$$

Der Mathematiker sagt, dass sich hier ein „Grenzwert" einstellt und er drückt das so aus:

$$\lim_{k\to\infty}\left(1+\frac{1}{k}\right)^{k} = e$$

Der numerische Wert dieser geheimnisvollen Zahl e, die nach Leonhard Euler benannt ist, beträgt:

$$e = 2{,}7\,1828\,1828\ldots$$

Diese seltsame krumme Zahl ist die von der Mathematik (und von der Natur) bevorzugte Basis für Exponentialfunktionen! Sie heißt deshalb auch „natürliche Basis".

Für unsere Geldvermehrung ergibt sich dadurch die so genannte stetige Verzinsung (zum Unterschied von den Zinsen bisher, wo das Wachstum in diskreten Zeitabschnitten erfolgte).

Allerdings müssen wir dabei wieder die vernachlässigte Konstante 0,02 einbauen und die 2000 Jahre berücksichtigen. Wie das geht, zeigt dir ein Beispiel aus dem Praxistraining. Ich verrate dir hier nur die Lösung:

$K_{2000} = 1\,176\,926\,334\,185\,098\,000$

Das wäre der absulut höchste Betrag, der sich durch Verzinsung herausschlagen ließe!

Was hat Zasterix daraus gelernt?

Erstens, dass es sehr auf die „Zinsperiode“ – das ist der Zwischenraum zwischen zwei Zinszuschlagsterminen – ankommt. Im ersten Beispiel war sie ein Jahr, dann ein halbes Jahr, ein viertel Jahr und zuletzt unendlich kurz, also stetige Verzinsung.

Zweitens kann er die Geldmenge nicht ins Unermessliche steigern, selbst wenn er die Zinsperiode unendlich klein machen könnte.

Drittens weiß er, warum die Banken meist jährliche Zinsperiode anbieten, wenn man Geld einlegt, aber vierteljährliche, wenn man Geld ausleiht – wer gewinnt dabei?

Beispiel 6.4: Der ganz normale Wahnsinn bei Geschäften mit der Bank!

Beispiel 6.5: Wie lange dauert es, bis sich dein Erspartes verdoppelt?

Wir haben die Zahl e durch die stetige Verzinsung hergeleitet, die in der Bankenpraxis aber nicht verwendet wird. Für die Wachstums- oder Zerfallsprozesse in der Natur hat die Zahl e und nicht etwa die Zahl 10 als Basis der Exponentialfunktion allerdings größte Bedeutung.

Woher das kommt?

Aus einem einfachen – fast selbstverständlichen – Prinzip, an das sich die Natur hält: Die Wachstums- oder Zerfallsgeschwindigkeit ist proportional zu der im Moment vorhandenen Grundmasse. Das ist genau das Prinzip hinter der stetigen Verzinsung.

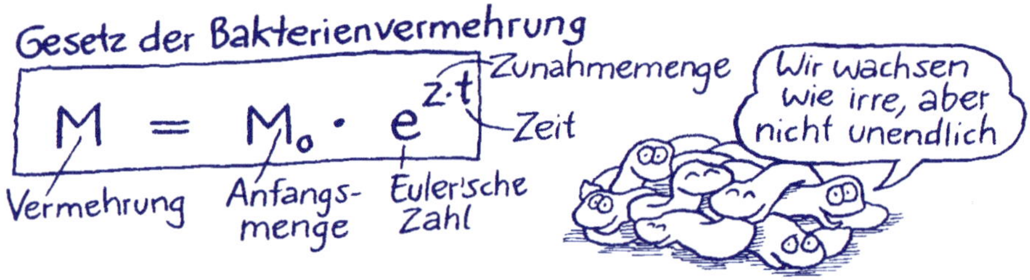

Bakterien z.B. lassen sich nicht vorschreiben, wann sie sich teilen dürfen. Sie tun es ständig. Je mehr sie dadurch werden, umso mehr können zur weiteren Vermehrung der Bakterienkultur beitragen. Das Wachstum erfolgt „exponentiell".

Der Zunahmefaktor z hängt unter anderem von der Art der Bakterie ab. Der Faktor lässt sich durch Experimente bestimmen. Wenn wir von einer bestimmten Bakterienart ausgehen und von einer bestimmten Anfangszahl M_0, ist die Bakterienanzahl eine Funktion der Zeit.

t in Stunden	M(t)
0	1000
24	1600
2·24	2612
3·24	4221
4·24	6820
5·24	11023
6·24	17814
7·24	28789

Wenn z.B. eine Bakterienkultur von 1000 Bakterien den Zunahmefaktor 2% hat (Zeit in Stunden gemessen), dann hat sie sich nach einer Woche (7·24 Stunden) auf ungefähr $1000 \cdot e^{0{,}02 \cdot 24 \cdot 7} = 28\,789$ Individuen vergrößert.

Dieses Modell des **exponentiellen Wachstums** ist unbeschränkt, es wächst über alle Grenzen. In unserer realen begrenzten Welt wachsen aber die Bäume sprichwörtlich nicht in den Himmel. Nur in der künstlichen Laborwelt wachsen Bakterienkulturen so. In unserer Welt wirken dagegen verschiedene Gesetzmäßigkeiten. Wenn eine Population zu groß wird, vermindert sich ihre Nahrung, oder die Feinde sorgen für eine Dezimierung. Als die Dinosaurier zu groß wurden, sind sie vom Erdboden verschwunden. Den Zasterix und die riesige Geldvermehrung gibt es nur in unserem Buch. In Wirklichkeit sorgen Inflation, Kriege und Katastrophen dafür, dass sich Geldmengen nicht ins Unermessliche steigern.

$$M(t) = M_0 \cdot e^{-z \cdot t}$$

Zerfallskonstante
Zeit
Menge nach bestimmter Zeit
Anfangsmenge

Zerfallen z.B. radioaktive Substanzen, so kommt im Exponenten ein negatives Vorzeichen dazu, weil es keine Zunahme, sondern eine Abnahme ist.

Hier heißt *z* „Zerfallskonstante". Sie ist typisch für die jeweilige Substanz, vermittelt aber kein Gefühl für die „Geschwindigkeit" des Zerfalls.

Die „Halbwertszeit“ – nennen wir sie T – ist dafür das geeignetere Maß. Sie ist die Zeit, nach der die Hälfte der Atome der Substanz zerfallen sind. Der Großteil der Zerfälle passiert ganz schnell am Anfang, wenn es noch viele Atome gibt. Dann beruhigt sich das Ganze etwas, wenn nur noch wenige da sind. Es bleiben aber immer ein paar strahlende Atome übrig.

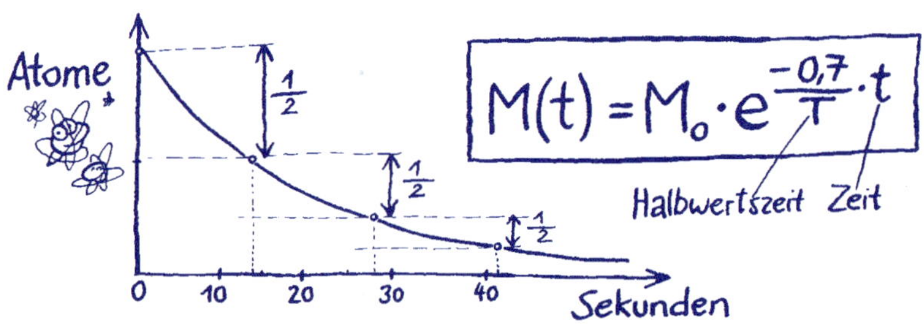

Hier siehst du die Zerfallskurve für Beryllium 11 mit einer Halbwertszeit von 13,81 Sekunden.

Das Kohlenstoffisotop C14, das in der Natur und auch in unserem Körper vorkommt, zerfällt sehr langsam. Die Halbwertszeit beträgt 5700 Jahre.

Diese Kenntnisse können wir uns gleich zunutze machen!

Wir machen eine Bergtour in den Ötztaler Alpen und keuchen dem Hauslabjoch entgegen. Plötzlich stehen wir vor einer Mumie, die uns an den „Ötzi“ erinnert. Ist das vielleicht ein Verwandter von ihm?

Macht hier jemand einen bösen Scherz mit einer präparierten Leiche oder stehen wir vor einer Sensation? Wir lassen eine Laboruntersuchung machen und stellen fest, dass die Kohlenstoffstrahlung der Leiche nur mehr bei 52% liegt, wobei der Normalwert 100% beträgt.

Wir wissen nämlich: Ein lebender Organismus nimmt mit der Nahrung Kohlenstoff zu sich. Dieser Kohlenstoff gibt in geringem Maße radioaktive Strahlung mit einer Halbwertszeit von 5700 Jahren ab. Stirbt der Organismus, so ist er von der Nahrungskette ausgeschlossen. Er nimmt keinen neuen strahlenden Kohlenstoff mehr auf und damit klingt die radioaktive Strahlung langsam ab.

Deshalb genügt das Wissen, dass die Kohlenstoffstrahlung nur mehr 52% ausmacht, um die Altersbestimmung mit Hilfe der „Halbwertszeitgleichung" durchzuführen.

$$M(t) = M_0 \cdot e^{\frac{-0{,}7}{T} \cdot t}$$

Diese Zeit ist gesucht: Wie alt ist Ötzi II?

Reststrahlung =52%

Anfangsstrahlung =100%

Halbwertszeit (bei Kohlenstoff 5700 Jahre)

Wenn wir die Zahlenwerte einsetzen, steht folgende Gleichung da:

$$0{,}52 = 1{,}00 \cdot e^{\frac{-0{,}7}{5700} \cdot t}$$

Diese Gleichung sollten wir nach *t* auflösen. Dieses *t* steht allerdings im Exponenten einer Exponentialfunktion. Die Frage, wie wir diesen Ausdruck im Exponenten freistellen können, haben wir uns schon gestellt. Wie in „Malen nach Zahlen" brauchen wir den Logarithmus, aber nicht wie dort zur Basis 10, sondern zur Basis e - den so genannten „natürlichen" Logarithmus, der üblicherweise mit $\ln(x)$ abgekürzt wird. Auch für ihn gelten die Rechenregeln für Logarithmen, die du ja schon kennst. Insbesondere gilt: $y = e^x$ bedeutet für positive y-Werte dasselbe wie $\ln(y) = x$.

Für die konkrete Berechnung findest du den natürlichen Logarithmus auf jedem Taschenrechner.

Unsere Gleichung hat genau die Form $y = e^x$, wenn wir uns statt y den Wert 0,52 und statt x den folgenden Ausdruck denken:

$$\frac{-0{,}7}{5700} \cdot t$$

Sie ist also gleichwertig mit:

$$\ln 0{,}52 = \frac{-0{,}7}{5700} \cdot t$$

Diese Gleichung ist linear und nach Multiplikation mit (-1), mit 5700 und Division durch 0,7 ist die gesuchte Unbekannte t freigestellt.

$$-0{,}654 = \frac{-0{,}7}{5700} \cdot t$$

$$t = 5325$$

Der Mann starb also vor ca. 5300 Jahren. Tatsächlich eine Sensation!

Beispiel 6.6: Wie Zasterix die stetige Verzinsung exakt berechnet

Beispiel 6.7: Wie hängen Zerfallskonstante und Halbwertszeit zusammen?

Kapitel 7

DER GRIFF NACH DEN STERNEN

Winkelfunktionen

Der Dreh mit den Winkeln

Schon seit frühester Zeit versuchen die Menschen, sich mit den Sternen des Weltalls in Beziehung zu bringen.

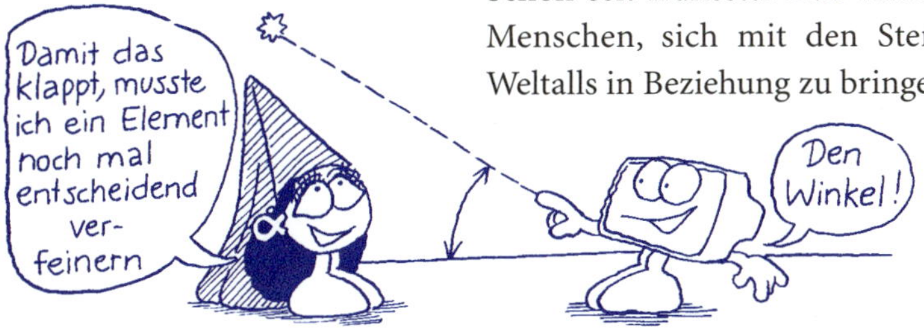

Ein Winkel entsteht, sobald wir es mit einer Figur mit mindestens drei Ecken zu tun haben. Deshalb wird die Abteilung der Mathematik, die sich mit den Winkeln befasst, der Einfachheit halber „Dreiecksmessung“ genannt. Wie so oft bevorzuge ich die griechische Ausdrucksweise:

Und so weiter. Alle Winkel kleiner als 90 Grad heißen übrigens spitze Winkel …

… und Winkel, die größer sind als 90 Grad, nenne ich stumpfe Winkel. Die Obergrenze ist beim gestreckten Winkel, also bei 180 Grad erreicht. Übrigens ein ganz wichtiger Winkel bei Dreiecken.

Winkel haben, wie das Wort „Trigonometrie“ nahe legt, griechische Buchstaben als Namen, immer schön passend zum großen Eckbuchstaben.

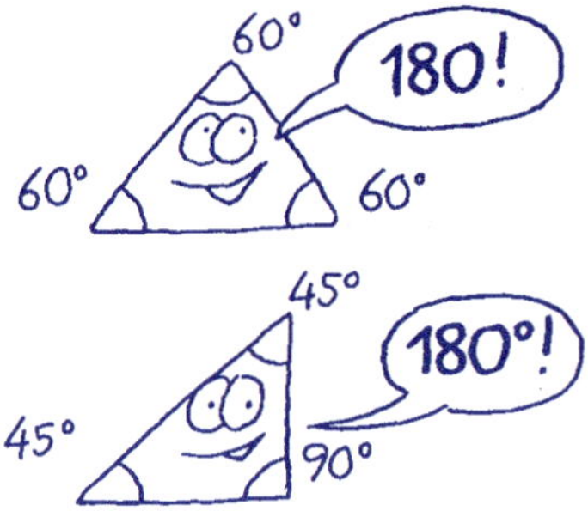

Dem aufmerksamen Beobachter wird nicht entgangen sein, dass die Winkel eines Dreiecks zusammengezählt immer 180 Grad ergeben. Das ist eine wichtige Tatsache in der Trigonometrie: Hat man zwei Winkel ausgerechnet, kennt man auch den dritten.

Der größte Winkel ist streng genommen gar kein Winkel mehr. Es ist der volle Kreis. Man gab ihm die Einheit 360 Grad. Warum ausgerechnet 360, also 30 Dutzend? Eine gute Frage, auf die ich keine Antwort weiß. Es ist halt so (in der Seefahrt gibt es eine Einteilung in 6000 „Striche“, geschrieben 60-00, alte Kompasse waren in 32 Striche unterteilt, usw.).

Daran siehst du, dass alle diese Einheiten sehr willkürlich gewählt worden sind.

Diese Überlegung führte zur Erfindung des **Einheitskreises**: Wir ziehen um den Winkel einen Kreis mit Radius 1 (dann rechnet sich's am leichtesten) und legen den Winkel so, dass der untere Schenkel waagerecht nach rechts schaut.

Zu jedem Winkel gehört ein Bogenstück vom Einheitskreis. Seine Länge lässt sich messen und heißt infolgedessen **Bogenmaß** des Winkels, auf Lateinisch „Arcus“, abgekürzt Arc. Die Einheit wird mit Radiant (rad) bezeichnet. Der volle Kreis (also 360 Grad) hat ein Bogenmaß von 2π, ein 90-Grad-Winkel hat $\frac{\pi}{2} = 1{,}571$ rad, 45 Grad entspricht 0,785 rad etc.

Die wirkliche Bedeutung dieses Bogenmaßes als natürlichstes aller Winkelmaße erkannte man aber erst mit der fortschreitenden technischen Entwicklung.

Erst die Erfindung des Rades ließ unsere Vorfahren Lasten leicht transportieren. Jahrtausende lang wurden die Wägen und Karren von Pferden, Ochsen und anderen Tieren gezogen. Eine Erleichterung war es, als man Wasserdampf statt echter Pferdestärken nutzen konnte.

Als aber James Watt die Kraft des Dampfes entdeckte und sie einsetzen wollte, um eine Dampfmaschine zu bauen, die später einmal auch einen Karren (auf Schienen) ohne Deichsel und Ochsen in Bewegung setzen konnte, tat sich ein Problem auf:

Wie wandelt man die hin- und hergehende Bewegung eines Dampfkolbens in eine Drehbewegung des Rades um? Die Schubkurbel war des Rätsels Lösung.

Wir haben hier die einfachste Form nachgebaut und können dir Folgendes zeigen:

Wenn ein Rad (mit dem Radius 1) rollt, beschreibt es als Weg den Winkel im Bogenmaß. Die Hin- und Herbewegung der Kurbel ist die Umsetzung des Drehens in eine geradlinige – bei uns senkrechte – Schubbewegung. Dieses Auf und Ab der Kurbelstange ergibt zusammen mit der Vorwärtsbewegung des Rades eine neue interessante Funktion: den Sinus.

Diese neue Funktion können wir auch im Einheitskreis sehen:

Zu jedem Winkel im Einheitskreis gehört ein Punkt P und ein Abstand des Punktes von der waagrechten Achse. Dieser Abstand ist der Sinus dieses Winkels. In unserer Sinusmaschine ist das bei Umdrehung des Rades bis zum Punkt P die Höhendifferenz des Bleistifts, die du auch auf der Skala ablesen kannst.

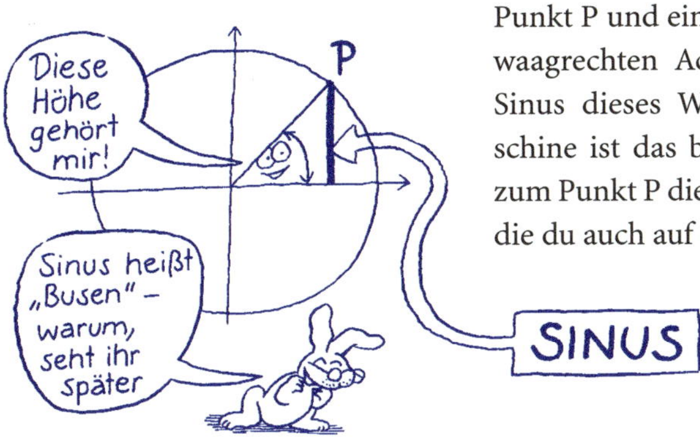

Abgekürzt wird der Sinus mit seinen ersten drei Buchstaben, dahinter schreibt man den gegenüberliegenden Winkel. In unserem Beispiel also: **sin α**

Daher heißt das, womit wir uns in diesem Kapitel beschäftigen, auch einfach Winkelfunktionen.

Dieser Sinus ist aber nicht einfach nur die Länge eines Strichs im Einheitskreis, sondern zugleich das Verhältnis von zwei Seiten in einem rechtwinkligen Dreieck.

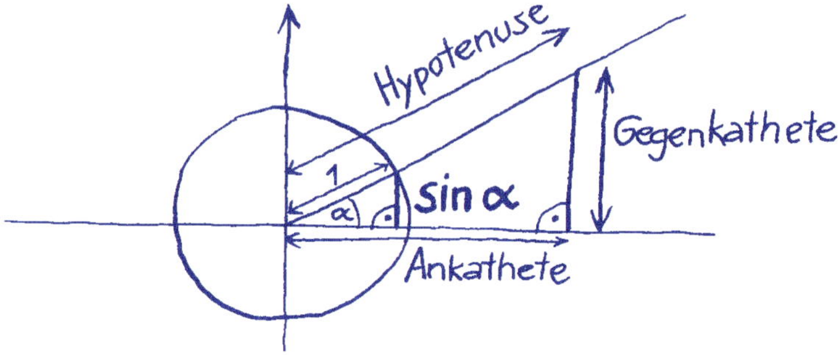

Die beiden Dreiecke sind ähnlich und haben daher gleiche Seitenverhältnisse:

$$\sin\alpha : 1 = \text{Gegenkathete} : \text{Hypothenuse}$$

Erinnere dich an ähnliche Dreiecke. In ähnlichen Dreiecken sind alle Winkel gleich, was hier der Fall ist. Dann gilt, dass die Seitenverhältnisse der entsprechenden Seiten gleich sind. Der Gegenkathete (die dem Winkel gegenüberliegende Seite) in dem großen Dreieck entspricht der Sinus von Alpha im kleinen Dreieck. Der Hypotenuse im großen Dreieck entspricht der Radius des Einheitskreises im kleinen Dreieck.

Der Sinus von α ist also die Gegenkathete geteilt durch die Hypotenuse.

$$\sin\alpha = \frac{\text{Gegenkathete}}{\text{Hypotenuse}}$$

Der Punkt auf dem Einheitskreis hat natürlich ebenso seinen genau definierten waagrechten Abstand vom Mittelpunkt. Er wirft sozusagen seinen Schatten auf die x-Achse. Das ist der Cosinus.

Bei einem Winkel von 45 Grad (oder π/4 im Bogenmaß) entsteht ein gleichschenkliges Dreieck. In diesem Fall sind Sinus und Cosinus gleich groß. Eine klassische Gelegenheit, um mit einer Gleichung zu arbeiten.

Weiter geht's mit dem Lehrsatz von Pythagoras, der im Einheitskreis immer und immer wieder zur Anwendung kommt.

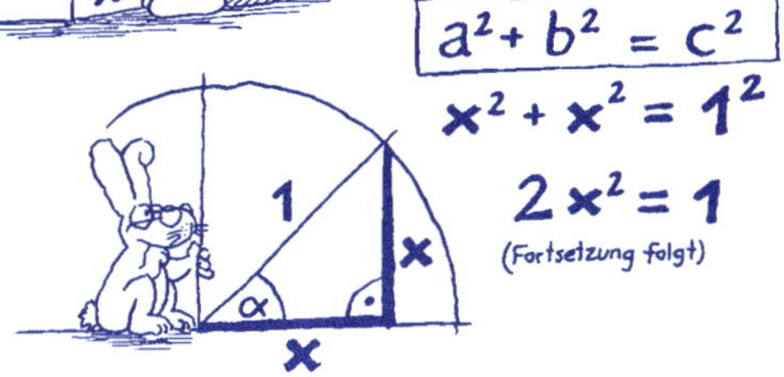

(Fortsetzung)

$$2x^2 = 1$$

$$x^2 = \frac{1}{2}$$

$$x = \sqrt{\frac{1}{2}}$$

$$\boxed{x = 0{,}7071067}$$

Streng genommen hat *x* auch die zweite Lösung -0,7071067. Wir sehen aber in der Zeichnung, dass sin 45° positiv ist.

Der Computer hat trotzdem einen heiklen Punkt getroffen. Es ist eine sehr verzwickte und langwierige Sache, Winkelfunktionen auszurechnen.

Deshalb verwendete man im Vorcomputerzeitalter Listen mit den entsprechenden Werten.

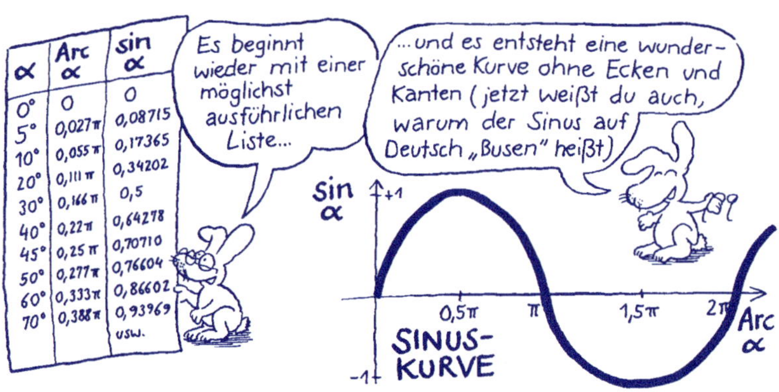

α	Arc α	sin α
0°	0	0
5°	0,027π	0,08715
10°	0,055π	0,17365
20°	0,111π	0,34202
30°	0,166π	0,5
40°	0,22π	0,64278
45°	0,25π	0,70710
50°	0,277π	0,76604
60°	0,333π	0,86602
70°	0,388π	0,93969
		usw.

Den dynamischen Vorgang einer Winkelfunktion in Aktion kannst du bei Sinus und Cosinus auch durch eine sinnreiche Maschine demonstrieren.

Diese Maschine gibt aber nur einen gestreckten oder gestauchten Sinus. Für einen exakten Sinus müssten die beiden Räder gekoppelt werden. Oder wir verwenden unsere Sinusmaschine von Seite 140.

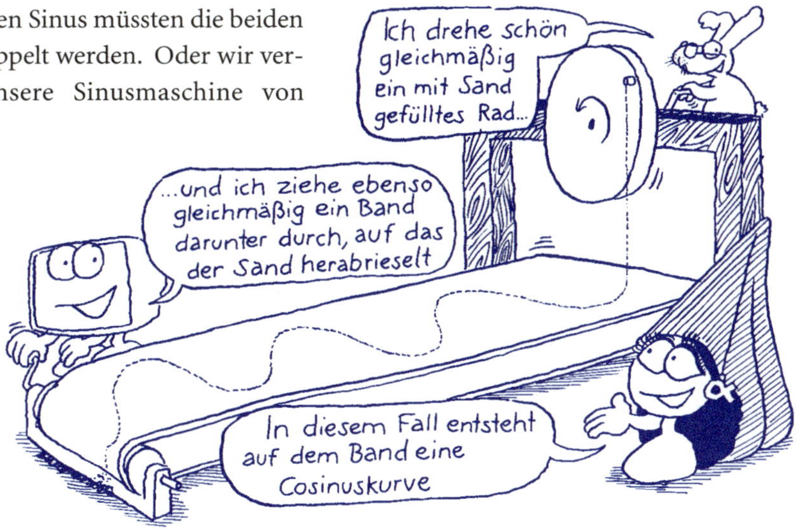

Sinuskurve und Cosinuskurve sehen gleich aus (beide sind „ideale" Schwingungen), sie starten nur an unterschiedlichen Punkten: Der Sinus hat seinen ersten Nullpunkt bei 0 Grad, der Cosinus bei 90 Grad.

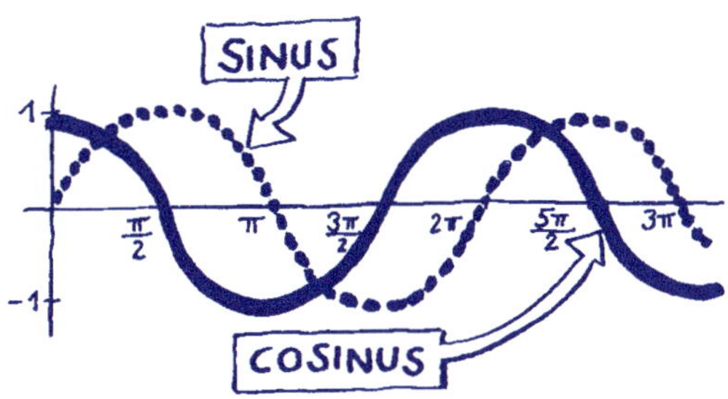

Da der Taschenrechner die Winkelfunktionen eingebaut hat, haben wir nun eine Möglichkeit, die Zahl π auf einem neuen Weg auszurechnen. Woher allerdings der Taschenrechner seine „Kenntnisse“ hat, bleibt vorläufig offen.

Wenn wir jetzt unsere Käsedreiecke für die näherungsmäßige Berechnung von π in den Kreis quetschen, brauchen wir nur den Winkel eines einzigen Dreiecks (da alle gleich sind).

Um mit Winkelfunktionen arbeiten zu können, müssen wir uns irgendwie ein rechtwinkliges Dreieck schaffen. Dazu wird es schlauerweise in der Mitte halbiert – in zwei rechtwinklige Hälften.

Die entstandene Seite „s-Halbe“ ist – jawohl! – der Sinus zum Winkel β. Die gesuchte Seite *s* ist einfach doppelt so groß. Das Ergebnis dann noch mit 6 multipliziert, und fertig ist der Näherungswert für π, beruhend auf einem eingeschriebenen Zwölfeck.

$$\sin\beta = \frac{s}{2}$$

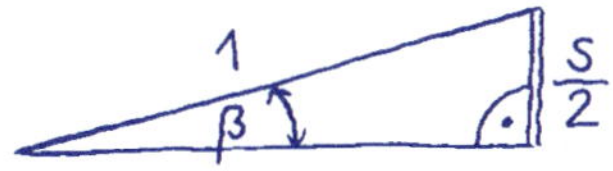

$$2 \sin\beta = s$$

$$12 \sin\beta = 6s$$

$$\frac{1}{2}\cdot\text{Umfang}_{12\,\text{Eck}} = 12 \sin 15^\circ = 3{,}1058285\ldots$$

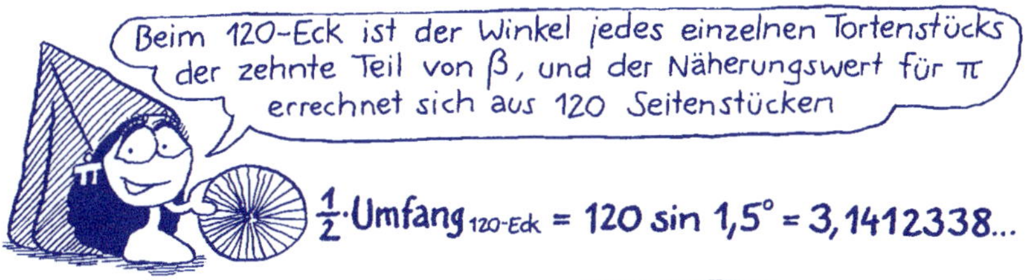

$$\frac{1}{2}\cdot\text{Umfang}_{120\text{-Eck}} = 120 \sin 1{,}5^\circ = 3{,}1412338\ldots$$

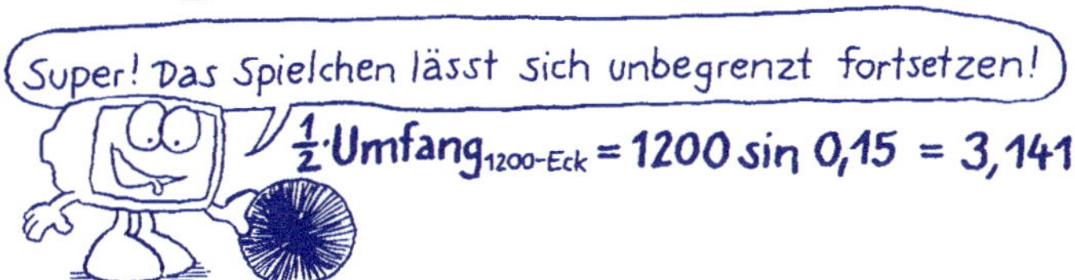

$$\frac{1}{2}\cdot\text{Umfang}_{1200\text{-Eck}} = 1200 \sin 0{,}15 = 3{,}1415891\ldots$$

$$\frac{1}{2}\cdot\text{Umfang}_{12000\text{-Eck}} = 12000 \sin 0{,}015 = 3{,}1415926\ldots$$

$$\frac{1}{2}\cdot\text{Umfang}_{120\,000\text{-Eck}} = 120\,000 \sin 0{,}0015 = 3{,}1415927\ldots$$

Der Tangens entspricht in gezeichneter Form einer Linie in Richtung der y-Achse, die den Kreis berührt (lateinisch „tangere“) und dort aufhört, wo sie von der Verlängerung des Schenkels abgeschnitten wird. Mathematisch gesehen ist der Tangens das Verhältnis von Sinus zu Cosinus:

$$\tan\alpha = \frac{\sin\alpha}{\cos\alpha} = \frac{\text{Gegenkathete}}{\text{Ankathete}}$$

Eigentlich kommen wir mit einer Winkelfunktion aus. Das wäre aber für praktische Anwendungen nicht komfortabel. Deshalb haben unsere Vorfahren mehrere Tabellen eingeführt und wir haben mehrere Winkelfunktionen.

Einen Winkel aus den Seitenverhältnissen auszurechnen, ist in der Tat ein gewisses Problem. In den alten Tagen der Bücher mit den langen Winkelfunktionslisten konnte man in beiden Richtungen suchen: Entweder vom Winkel aus den entsprechenden Tangens finden, oder in der Tangensspalte gucken, welcher Winkel zu einer bestimmten Tangenslänge am ehesten in Frage kommt (in Wirk1ichkeit war es oft noch verzwickter, da die Längen als Logarithmen ausgegeben wurden). Damals brauchte man nicht unbedingt zu verstehen, was man beim Computer aber unter dem richtigen Namen eingeben muss.

α	tan α
1°	0,017455064
2°	0,034920769
3°	0,052407779
4°	0,069926811
5°	0,087488663
6°	0,105104235
7°	0,122784560
8°	0,140540834
9°	0,158384440

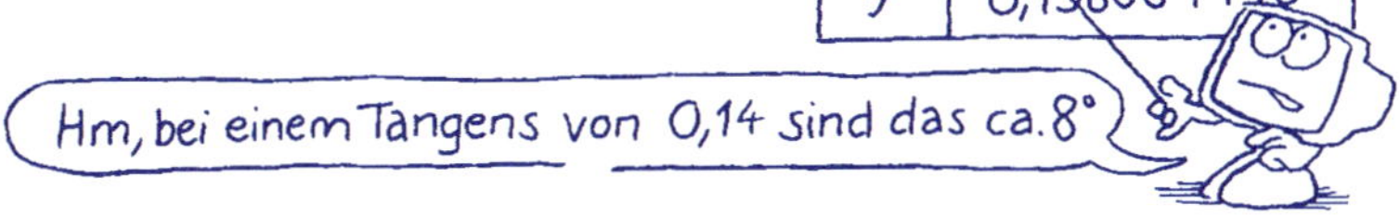

Alle Winkelfunktionen gibt es auch in der Umkehrausgabe. Sie heißen so wie die dazugehörige normale Funktion, nur mit den Buchstaben „arc“ davor. Das steht für „arcus“, also „Bogen“ und will sagen: Arcsin x ist das Bogenmaß zu dem Winkel, dessen Sinus x ist. Hier alle im Überblick:

Funktion	sin	cos	tan
Umkehrfunktion	arcsin	arccos	arctan
Taschenrechner	$\sin^{-1}$	$\cos^{-1}$	$\tan^{-1}$

Das ist die Tücke bei den Umkehrfunktionen, die allerdings in der Praxis kaum stört: Zu einer Länge können verschiedene Winkel gehören. Die Aussage einer Umkehrfunktion ist also mehrdeutig. Wir behelfen uns damit, dass wir den Geltungsbereich der Umkehrfunktionen einschränken. Im ersten Quadranten (zwischen 0 und 90 Grad) stimmen sie alle, und dort finden auch die meisten Rechnungen mit Winkelfunktionen statt. Wird einmal eine negative Länge eingegeben, wird es etwas komplizierter. Der Geltungsbereich ist für die einzelnen Winkelfunktionen verschieden:

Falls du doch einmal aus irgendwelchen Gründen den Cotangens brauchst, kannst du ihn nach diesem einfachen Kochrezept berechnen.

Unschwer zu erraten, dass es sich bei der Straßenführung dieser Bergpartie um ein Dreieck handelt – von dem allerdings noch nicht allzu viel bekannt ist. Als Erstes sollten wir unbedingt die Winkel errechnen.

$$\tan \alpha = \frac{\text{Höhe}}{\text{Grundlinie}}$$

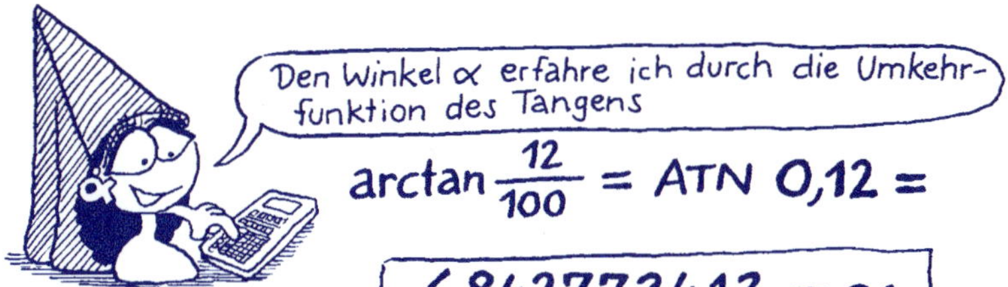

$$\arctan \frac{12}{100} = \text{ATN } 0{,}12 =$$

$$\boxed{6{,}842773413 = \alpha}$$

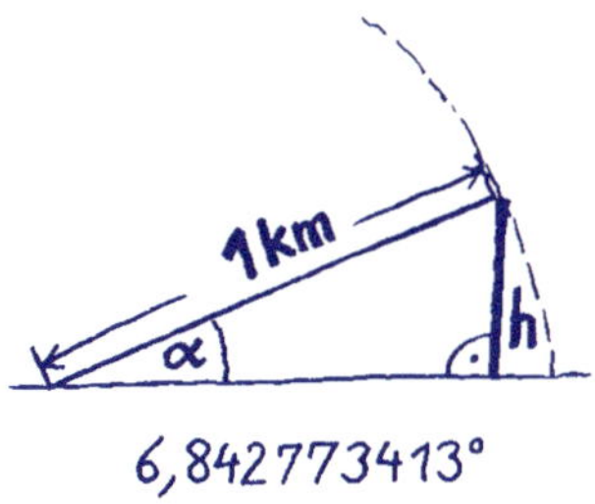

Legt man den Einheitskreis um den Winkel α, wird die Entfernung auf der Straße zum Radius des Einheitskreises. Die gesuchte Höhe h des Bergcafés ist dann $\sin \alpha$.

$$h = \sin \alpha = \sin 6{,}842773413° = 0{,}11914522$$

Beispiel 7.1: Wie kannst du die Höhe eines Turms bestimmen, ohne auf ihm herumzuklettern?

Beispiel 7.2: Wir eichen einen Öltank

Kapitel 8

AUSBLICKE INS UNENDLICHE

Endlose Annäherungsversuche

1785 in einer Grundschule in Königsberg (heute Kaliningrad). Ein leicht übermüdeter Lehrer wollte sich ein wenig Ruhe gönnen und beauftragte seine Schüler, die Zahlen von 1 bis 100 zu addieren. Er hatte Pech! Unter seinen Schülern war zufällig der junge Carl Friedrich Gauß. Nach kürzester Zeit stand dieser mit dem Ergebnis vor dem Lehrer:

Er hatte die 100 Summanden zweimal angeschrieben, einmal in aufsteigender, einmal in absteigender Reihenfolge:

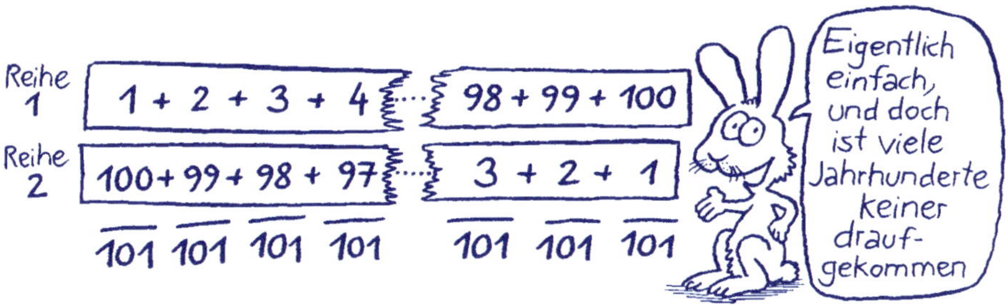

$$2 \cdot \text{Summe} = 101 \cdot 100 = 10100$$

$$\text{Summe} = \underline{5050}$$

Der Lehrer war verblüfft!

Gauß hatte eine Summationsmethode entdeckt, die immer funktioniert, wenn Zahlen den gleichen Abstand voneinander haben.

Wir haben es hier mit ganz besonderen Summen zu tun. Das zweite Glied ist vom ersten so weit entfernt wie das dritte vom zweiten, d.h., sie haben auf der Zahlengeraden den gleichen Abstand. Solche Zahlen nennt man **arithmetische Folge**. Die Summe einer solchen Zahlenfolge ist eine **arithmetische Reihe**.

Die Summenformel, die Gauß entdeckt hat, besagt einfach: Zähle das erste und letzte Glied der Reihe zusammen und multipliziere mit der halben Anzahl der Summanden!

Um die Formel allgemein anschreiben zu können, brauchen wir etwas, das wir bereits in dem Kapitel über das Wachstum verwendet haben: Variablen mit Indizierung. Die Variablen haben alle denselben Namen, hier a für arithmetische Reihe. Sie werden durch den so genannten **Index** voneinander unterschieden: a_1 für das erste Glied, a_2 für das zweite Glied und a_k für ein beliebiges Glied an k-ter Stelle. Die Indizes sind wie Hausnummern auf den Schachteln a. Jetzt können wir die Regel allgemein schreiben.

Testen wir die Formel mit den ungeraden Zahlen bis 7. Die Summe ist $(1+7)\cdot 2 = 16$, was leicht als Kopfrechnung zu überprüfen ist.

Kann man solche Reihen zu etwas anderem gebrauchen als übermüdete Lehrer zu verblüffen?

Wie viel Zinsen trägt das Sparbuch in einem Jahr bei 5% und monatlicher Einlage von 120 Talern, die jeweils am Monatsanfang eingezahlt werden?

Die letzte Einlage liegt genau 1 Monat, also ein Zwölftel eines Jahres, auf der Bank. Diese Einlage bringt daher ein Zwölftel von $120\cdot 0{,}05 = 6$, also 0,5 Taler Zinsen. Die Einlage vom vorletzten Monat liegt 2 Monate und bringt daher doppelt so viel ein, also $2\cdot 0{,}5$ Taler. Die Einlage, die dieser vorausgeht, bringt $3\cdot 0{,}5$ Taler. So geht es weiter bis zur ersten Einlage, die ganze 12 Monate liegt und $12\cdot 0{,}5$ Taler an Zinsen bringt.

Nun siehst du schon das Prinzip: In jedem vorausgehenden Monat hast du 0,5 Taler mehr an Zinsen. Die Zinsen der Einlage bilden eine arithmetische Reihe. Statt alle Beträge einzeln auszurechnen und zu addieren, kannst du die Gauß'sche Idee einsetzen:

$$S = (12 \cdot 0{,}5 + 1 \cdot 0{,}5) \cdot 6$$
$$S = 13 \cdot 0{,}5 \cdot 6$$
$$S = 39$$

Für alle Einlagen zusammen bekommst du also 39 Taler Zinsen.

Einlage	$12 \cdot 120 =$	1440
Zinsen		39
		1479

Beispiel 8.1: Versuche, alle geraden Zahlen zwischen 2 und 100 zu addieren!

Beispiel 8.2: Wie ein schlauer Schüler nach Gauß-Vorbild die Inventur der Bodenbeläge-Abteilung in einem halben Tag geschafft hat

Der immer gleiche Abstand aufeinander folgender Glieder ist aber nicht das einzige Konstruktionsprinzip für Folgen und Reihen.

Dies ist eine Geschichte, die in vielen Varianten erzählt wird. Der König willigte natürlich ein, das scheinbar harmlose Verlangen des alten Schachspielerfinders zu erfüllen. Er ahnte nicht, dass er damit ein unerfüllbares Versprechen gegeben hatte. Denn – das Ergebnis sei ruhig vorneweg verraten – aller Reis der Erde reicht nicht, um dem Wunsch des Alten gerecht zu werden.

Die 64 Schachteln sind 64 indizierte Variablen: R_0 bis R_{63}. Da wir bei 0 zu zählen anfangen, heißt das 64. Schachfeld R_{63}.

Die mathematische Kunst besteht darin, zwischen diesen beiden Zahlenfolgen – Index und Zahlenwert in der Schachtel – eine Gesetzmäßigkeit zu entdecken.

Beim Reiskorn-Beispiel ist es nicht allzu schwer. Jede Schachtel enthält eine Zweierpotenz von Reiskörnern, und der Exponent (die „Hochzahl“) ist immer zugleich die Indexnummer.

Durch den Trick mit der Variablen an der Variablen lässt sich jedes beliebige Glied der ganzen Folge ausrechnen.

Für **Reihen** gibt es eine äußerst professionell aussehende Schreibweise:

... aber die hohe Kunst der Mathematik besteht auch an dieser Stelle darin, die zugrunde liegende Gesetzmäßigkeit zu erkennen und das so genannte Reihenbildungsgesetz zu entdecken.

Die Summe der Schachtelinhalte ist immer um ein Korn kleiner als der Inhalt des nächsten, noch nicht mitgezählten Kästchens.

Zusammen mit der vorhin entdeckte Formel für den Inhalt jedes beliebigen Feldes lässt sich leicht das Reihenglied mit dem Index 64 berechnen.

Untersuchen wir die Reisgeschichte näher. Wieder finden wir eine einfache Gesetzmäßigkeit. Die Glieder entstehen durch fortlaufende Multiplikation mit einem konstanten Faktor, anders ausgedrückt: Zwei aufeinander folgende Glieder haben immer dieselbe Zahl $q = 2$ als Quotienten. Reihen mit solchen konstanten Quotienten (nicht unbedingt immer 2) heißen **geometrische Reihen**.

Arithmetische Reihen sind Reihen mit immer gleichen Abständen der Glieder. Bei geometrischen Reihen werden die Abstände immer größer (oder kleiner).

Hier ein anderes einfaches Beispiel für eine geometrische Reihe.

Wie können wir diese Summe berechnen?

Die Reisgeschichte ist ein Sonderfall, bei der die Summe immer das nächste Glied vermindert um eins ist. Das kannst du leicht nachprüfen, wenn du versuchst, obige Reihe mit der Methode der Reisgeschichte zu summieren. Diese Summationsmethode ist nur für $q = 2$ verwendbar.

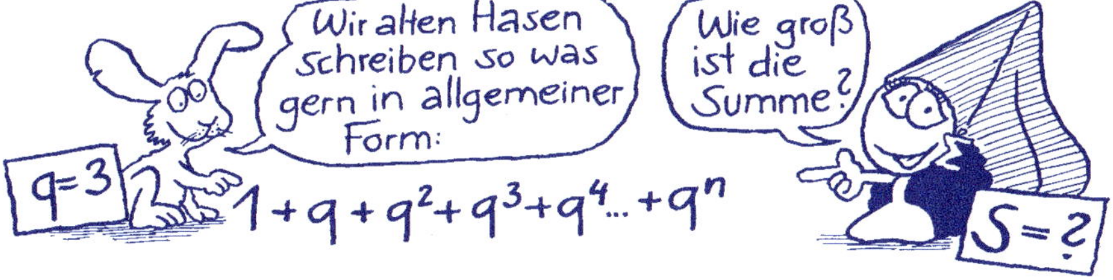

Wir brauchen eine allgemeine Summenformel. Nennen wir die folgende Gleichung Ausgangsgleichung.

$$S = 1 + q + q^2 + q^3 \ldots + q^n$$

Trick 1: Beide Seiten der Gleichung mit q multiplizieren.

$$S \cdot q = q + q^2 + q^3 \ldots + q^n + q^{n+1}$$

Trick 2: Auf der linken Seite *S* und – was das Gleiche ist – auf der rechten Seite die Summe der *q*-Potenzen subtrahieren.

$$S \cdot q - S = (q + q^2 + q^3 \ldots + q^n + q^{n+1}) - (1 + q + q^2 \ldots + q^n)$$

Das sieht jetzt schön kompliziert aus. Wenn du aber auf der rechten Seite die Subtraktion durchführst, bleibt verblüffend wenig übrig:

$$S \cdot q - S = q^{n+1} - 1$$

Jetzt formen wir ein bisschen um. Falls du staunst, wie wir das *S* aus dem Ausdruck ausklammern, erinnere dich an das Distributivgesetz aus Kapitel 2.

$$S(q - 1) = q^{n+1} - 1$$

$$a \cdot (b - c) = a \cdot b - a \cdot c$$

Jetzt können wir beide Seiten durch q-1 dividieren und erhalten die folgende Summenformel:

$$\boxed{S = \frac{q^{n+1} - 1}{q - 1}}$$

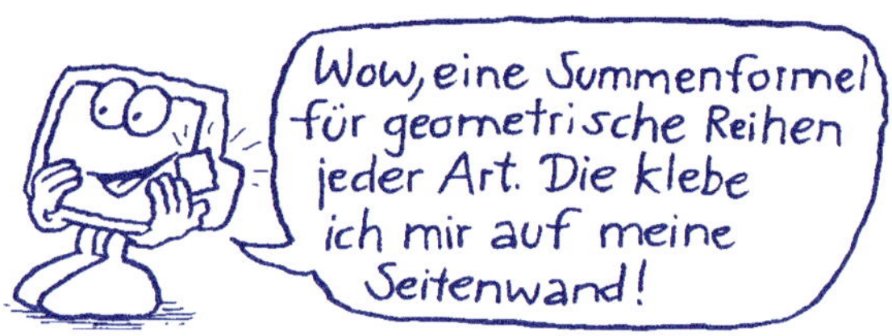

Wie du inzwischen weißt, musst du bei allen Formeln mit Brüchen beachten, dass der Wert im Nenner nicht unerlaubterweise null wird. Das bedeutet hier: q darf nicht 1 sein.

Für $q = 1$ ist die Summe aber ohnehin ganz einfach auszurechnen $1+1+1+ \ldots +1 = n+1$, das ist die Anzahl der Glieder.

Probieren wir zum Schluss noch schnell aus, ob unsere Universalformel auch bei dem Herrn mit dem Schachbrett stimmt.

$$S = \frac{2^{63+1} - 1}{2-1} = 2^{64} - 1$$

Genau ausgerechnet wäre diese Zahl: 18 446 744 073 709 551 615. Eine unvorstellbar große Zahl!

Die Reisgeschichte hat den Erfinder des Schachspiels reich gemacht! So einfach geht es heute nicht mehr! Aber auch heute hängt „Geldvermehrung“ eng mit geometrischen Reihen zusammen, insbesondere dann, wenn regelmäßige Zahlungen, z.B. Raten, fällig sind.

Lange schon sollte die alte Wohnung runderneuert werden. Der günstigste Kostenvoranschlag lautet auf 36 100,00. Zu viel zum Hinblättern. Aber momentan sind Bankkredite sehr günstig, mit p = 4,5% Zinsen ist man dabei. Nach 6 Jahren möchte ich wieder schuldenfrei sein. Welche Rückzahlungsvarianten können sie anbieten?

$$\text{Aufzinsungsfaktor } r = 1 + \frac{4{,}5}{100} = 1{,}045$$

$$\text{Endwert} = 36100 \cdot r^6 = 36100 \cdot 1{,}045^6 = 47011{,}59 \text{ Taler}$$

Das kennst du bereits. Wir werfen schnell die Jahresverzinsungsmaschine an und sehen, dass wir die 36100,00 über 6 Jahre hinweg verzinsen müssen, um den Endwert, das ist der Wert nach 6 Jahren, zu bekommen.

Für mich sind rund 47012,00 Taler viel Geld – zu viel, um es auf einmal zu zahlen! Mehr als 10000 Taler Zinsen! Geht es nicht billiger?

Hier muß der Bankbeamte rechnen. Die Summe der Raten ist eben nicht der sechste Teil des Endwertes. Deshalb ist es für mich auch billiger. Die Raten, die ich früher zurückzahle, kosten mich weniger Zinsen. Um die Raten mit dem Endwert vergleichen zu können, muss ich jede **Rate** bis zu dem Termin verzinsen, an dem alles zurückgezahlt ist, und dann addieren. Das ergibt die Gleichung, aus der der Bankbeamte die Rate berechnet.

Jetzt kann ich rechnen!

$$\text{Endwert} = R_0 + R_1 + R_2 + R_3 + R_4 + R_5$$

Nun setzen wir die Werte aus unserer Verzinsungstabelle ein.

$$\text{Endwert} = R + R \cdot r + R \cdot r^2 + R \cdot r^3 + R \cdot r^4 + R \cdot r^5$$

Den Endwert haben wir schon berechnet und auf der rechten Seite läßt sich R herausheben. Das vereinfacht die Sache, weil in der Klammer eine geometrische Reihe steht. Dass die Variable nicht *q*, sondern *r* heißt, soll dich nicht stören.

$$47011{,}59 = R \cdot (1 + r + r^2 + r^3 + r^4 + r^5)$$

$$47011{,}59 = R \cdot \left(\frac{r^6 - 1}{r - 1}\right)$$

$$47011{,}59 = R \cdot \frac{1{,}045^6 - 1}{1{,}045 - 1}$$

$$R = 47011{,}59 \cdot \frac{0{,}045}{1{,}045^6 - 1}$$

$$R = 6999{,}01 \text{ Taler}$$

Die jährliche Rate beträgt also rund 7000,00 Taler.

Beispiel 8.3: Der amerikanische Weg, sein Studium zu finanzieren

Die Reihen haben auch eine praktische Bedeutung für das Innenleben des PCs.

Die meisten Funktionen (Wurzel, Logarithmus, Sinus, Cosinus, Tangens etc.) lassen sich nämlich als Reihen darstellen, allerdings auch nur mit unendlich vielen Gliedern, die immer kleiner werden. Die Entdeckung solcher Reihen ist eine echte schöpferische mathematische Tat, und es werden ständig neue, wirkungsvollere Reihen für die verschiedensten Aufgaben entwickelt.

Die klassische Reihe für die Berechnung des Sinus lautet:

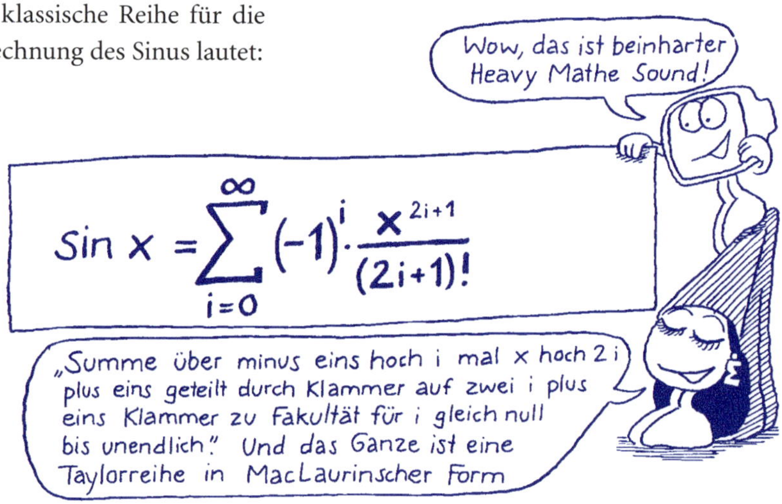

$$\sin x = \sum_{i=0}^{\infty} (-1)^i \cdot \frac{x^{2i+1}}{(2i+1)!}$$

Dabei taucht ein neuer Operator auf, den du auch in den meisten Mathematikprogrammen und auf wissenschaftlichen Taschenrechnern finden wirst: die Fakultät, geschrieben als Ausrufezeichen hinter der Zahl.

„Sinus *x*“ (statt „Sinus alpha“) bedeutet, dass der Wert nicht als Winkel in Grad, sondern als Winkel im Bogenmaß eingegeben werden muss. Wie du aus Kapitel 7 weißt, ist das Umrechnen von Grad- in Bogenmaß nicht besonders kompliziert. Der Halbkreis misst im Gradmaß 180° und im Bogenmaß π.

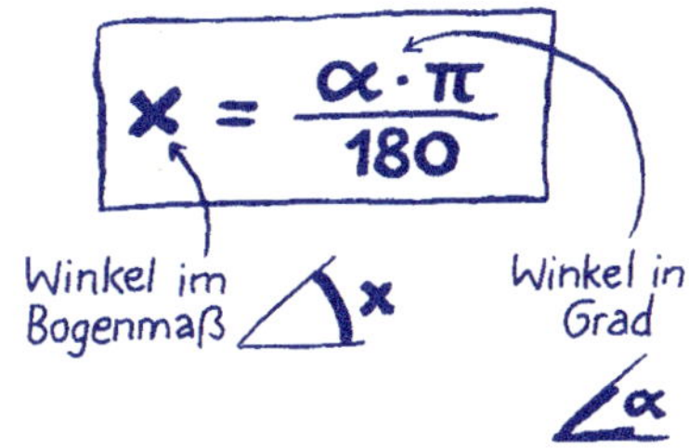

Umrechnung ins Bogenmaß:

$$x = \frac{45 \cdot \pi}{180} = 0{,}785398163$$

Die erste Annäherung, bei der nur das erste Glied der Reihe ausgerechnet wurde ($i = 0$):

$$\sin x = x = 0{,}785398163$$

Die zweite Annäherung, bei der zwei Glieder ausgerechnet werden ($i = 0$ bis 1):

$$\sin x = x - \frac{x^3}{1 \cdot 2 \cdot 3} = 0{,}785398163 - \frac{0{,}484473073}{6} = 0{,}704652651$$

Auf ein Nächstes, für drei Glieder ($i = 0$ bis 2):

$$\sin x = x - \frac{x^3}{1 \cdot 2 \cdot 3} + \frac{x^5}{1 \cdot 2 \cdot 3 \cdot 4 \cdot 5} = 0{,}704652651 + \frac{0{,}298847348}{120} =$$

$$= 0{,}707143045$$

Bei der vierten Annäherung ($i = 0$ bis 3) kommt ein immerhin auf sechs Dezimalstellen genauer Wert heraus:

$$\sin x = x - \frac{x^3}{1 \cdot 2 \cdot 3} + \frac{x^5}{1 \cdot 2 \cdot 3 \cdot 4 \cdot 5} - \frac{x^7}{1 \cdot 2 \cdot 3 \cdot 4 \cdot 5 \cdot 6 \cdot 7} =$$
$$= 0{,}704143045 - \frac{0{,}184344069}{5040} =$$
$$= 0{,}704106468$$

Der auf neun Stellen genaue (das ist die übliche Genauigkeit bei Computern) Wert lautet:

$$\sin 45° = 0{,}704106781$$

Unendliche Reihen sind ein Instrument, mit dem sich beliebige Genauigkeiten erreichen lassen – auch für Bereiche der Mathematik, in denen es eine wirklich exakte Bestimmung niemals geben wird. Die Zahl π wurde ebenfalls mit Hilfe einer solchen unendlichen Reihe berechnet.

Auch wenn das letzte Beispiel nur ein Grundverständnis über die unendlichen Reihen gegeben hat, können wir jetzt das Beispiel aus Kapitel 1 besser erkären.

In Kapitel 1 haben wir – frei nach Zenon – den Achilles zum Wettlauf gegen eine Schildkröte antreten lassen. Die Kröte hatte 100 Fuß Vorsprung und Zenon behauptete, dass Achilles sie nicht einholen, geschweige denn überholen könne.

Der Trick des Zenon ist, dass er die Zeit außer Acht läßt. Wir haben in Kapitel 1 versprochen, diese absurde Geschichte in diesem Kapitel mathematisch aufzuklären.

Achilles ist ein olympiareifer Läufer und schafft die 100 Fuß in 3 Sekunden, aber da ist die Schildkröte bereits 10 Fuß weiter. Dafür braucht Achilles aber nur mehr 0,3 Sekunden. Nun ist die Schildkröte aber schon wieder 1 Fuß voraus – das sind aber für Achill nur mehr 0,03 Sekunden. Bis Achilles dort ist, sind insgesamt nur 3,33 Sekunden vergangen.

So treibt Zenon das Spiel weiter und keiner seiner Zuhörer bemerkt, dass Zenon durch die immer feinere Unterteilung das ganze Rennen nur bis Sekunde 3,33333... betrachtet. Das ist aber genau der Zeitpunkt, an dem Achilles und die Kröte gleichauf sind. Schon beim nächsten Wimpernschlag hat Achilles sie überholt. Der bis zu diesem Zeitpunkt zurückgelegte Weg ist 111,11111... Fuß! Hier überholt Achilles.

Mathematisch gesehen, löst Zenon den Weg bzw. die Zeit in Teile auf, die jeweils nur ein Zehntel des vorhergehenden Teils sind, also in eine (jetzt allerdings unendliche) geometrische Reihe der Gestalt:

$$3{,}333\ldots = 3 + \frac{3}{10} + \frac{3}{100} + \frac{3}{1000} + \ldots = 3 \cdot \left(1 + \frac{1}{10} + \frac{1}{100} + \frac{1}{1000} + \ldots\right)$$

Diese Zahl, also die Zeit bis zum Überholen, kannst du auch als Bruch ausdrücken: $\frac{10}{3}$

Dividiere 10 durch 3 und überzeuge dich selbst, dass die Division 3,333... liefert!

Kapitel 9

EINBLICK INS UNENDLICH KLEINE

Erste Schritte in die Differenzialrechnung

Die Grenze überschreiten

Ein schwerer Stein fällt schneller zu Boden als ein leichter. Davon waren die Menschen lange überzeugt, auch noch um das Jahr 1500 herum. Der italienische Gelehrte Galileo Galilei aber wollte das nicht glauben, nur weil es in den alten Büchern stand. Er wollte es selbst ausprobieren.

Der Legende nach hat er deshalb große Steine vom schiefen Turm von Pisa hinabgeworfen. Dabei stellte sich schnell heraus, dass alle Steine gleich schnell fielen.

Eine Ausnahme gab es nur bei Federn und anderen leichten Sachen, die von der Luft gebremst wurden.

Einmal auf den Geschmack gekommen, wollte Galilei die Fallerei genauer erforschen.

Obwohl ihm die genauen Instrumente fehlten, entdeckte er durch weitere Experimente das Gesetz des freien Falls. Es zeigt den Zusammenhang zwischen verstrichener Zeit und der Strecke, die der fallende Gegenstand zurücklegt. Zuvor sollten wir allerdings klären, was Geschwindigkeit ist.

Geschwindigkeit ist das Maß dafür, in welcher Zeit t eine bestimmte Wegstrecke s bewältigt wird.

$$\text{Geschwindigkeit} = \frac{\text{Weg}}{\text{Zeit}}$$

Die klassische Abkürzung für die Geschwindigkeit ist v (von lateinisch „velocitas"). Wenn ein 100-Meter-Läufer die Strecke in 10 Sekunden läuft, lautet die Rechnung also:

$$v = \frac{100\,\text{m}}{10\,\text{sec}} = 10\,\frac{\text{m}}{\text{sec}}$$

Wir sind eher vertraut mit Stundenkilometern. Die Umrechnung dazu lautet:

$$1\,\frac{\text{km}}{\text{h}} = \frac{1000\,\text{m}}{3600\,\text{sec}} = \frac{10}{36}\,\frac{\text{m}}{\text{sec}} = 0{,}2777\,\frac{\text{m}}{\text{sec}}$$

Noch einfacher sind diese beiden Umrechenfaktoren.

Um Meter pro Sekunde schnell in die vertrauten Stundenkilometer umzurechnen, kannst du dir „mal 3,6" merken. Armin Hary, der erste Läufer, der die magischen 10 Sekunden beim 100-Meter-Lauf erreichte, konnte also von sich behaupten:

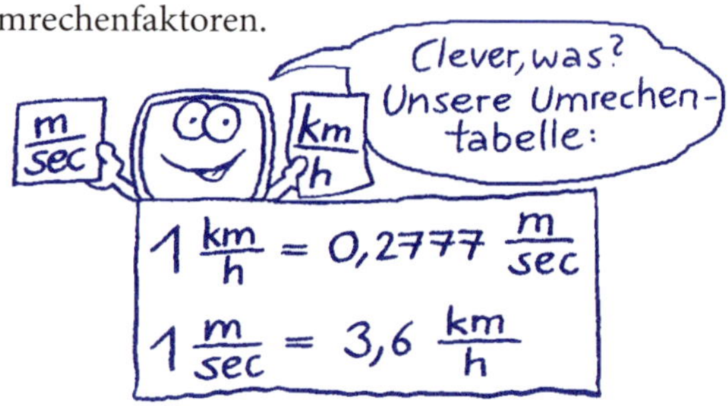

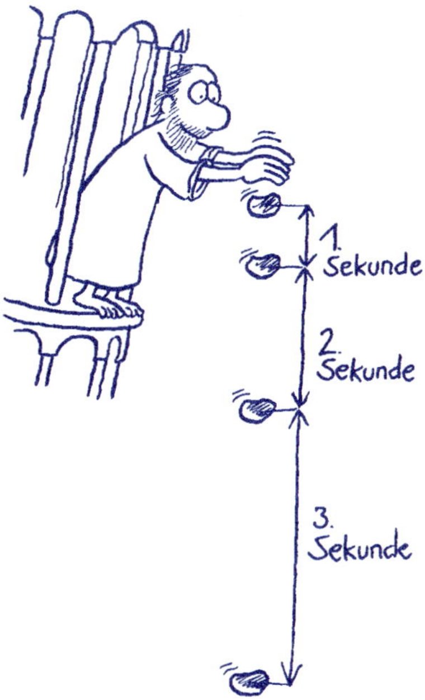

Ein 100-Meter-Läufer kommt nach einer kurzen Startphase recht rasch auf seine Endgeschwindigkeit. Deswegen ist es ziemlich gleichgültig, auf welchem Teil der Strecke wir seine Geschwindigkeit bestimmen. Galilei auf dem Schiefen Turm konnte es sich nicht so einfach machen, denn die Geschwindigkeit wird bei frei fallenden Gegenständen stetig größer.

In diesem Fall lässt sich die Geschwindigkeit nur berechnen, wenn der Bewegungsablauf durch einen Zusammenhang zwischen zurückgelegtem Weg und verstrichener Zeit beschrieben ist. Als erfahrener Mathematiker weißt du, worauf das hinausläuft: eine Funktion $s(t)$ für diesen Bewegungsablauf, der üblicherweise „freier Fall" genannt wird. Das Gesetz, das wir für diese Funktion brauchen, hat Galilei entdeckt.

Der krumme Wert 4,905 hängt mit der irdischen Schwerkraft zusammen (auf anderen Planeten steht da eine andere Zahl). Den doppelten Wert 9,81m/s² nennen die Physiker „Erdbeschleunigung". An der Funktionskurve kannst du schön sehen, wie die Geschwindigkeit beim freien Fall rasant zunimmt.

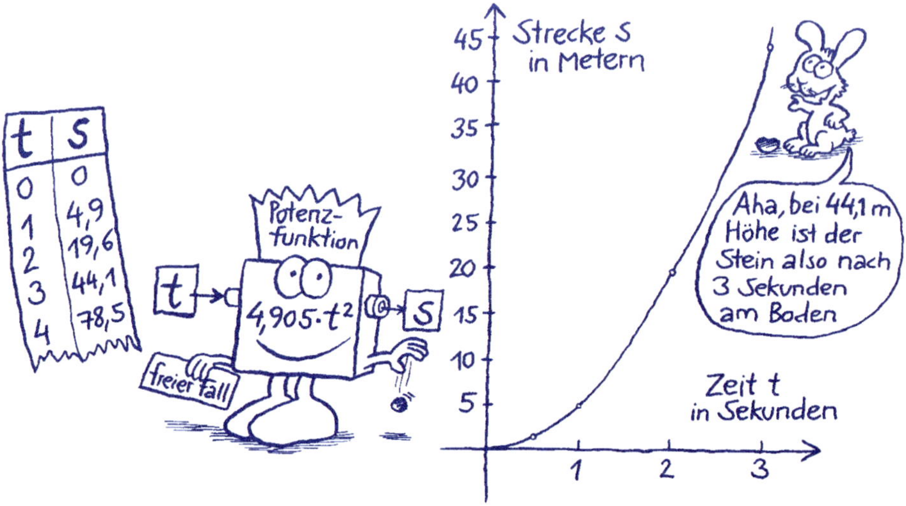

Mit Hilfe dieser Funktion kannst du jetzt nicht nur berechnen, wie lange der Stein für 44,1 Meter braucht (genau 3 Sekunden), sondern du kannst noch kniffligere Fragen stellen, zum Beispiel: Wie hoch ist die Durchschnittsgeschwindigkeit des Steins während seiner 2. Flugsekunde?

Dazu musst du die Differenzen aus den Wegen und Zeiten bilden. Damit wir es bei unseren Betrachtungen bequemer haben, verwenden wir statt des exakten halben Wertes 4,905 der Erdbeschleunigung den Wert 5 und runden die Zahlen aus der Tabelle entsprechend. Uns reicht hier diese Genauigkeit aus.

$$V_{2.\,Sekunde} = \frac{20-5}{2-1} = \frac{15}{1} = 15\,\frac{m}{sec}$$

Genauso kannst du die Geschwindigkeit in der dritten Sekunde berechnen und erhältst 25 (immer in m/sec). Da der Stein ständig schneller wird, steigen die Werte kontinuierlich an. Es handelt sich dabei stets um die **durchschnittliche Geschwindigkeit** in der jeweiligen Zeiteinheit.

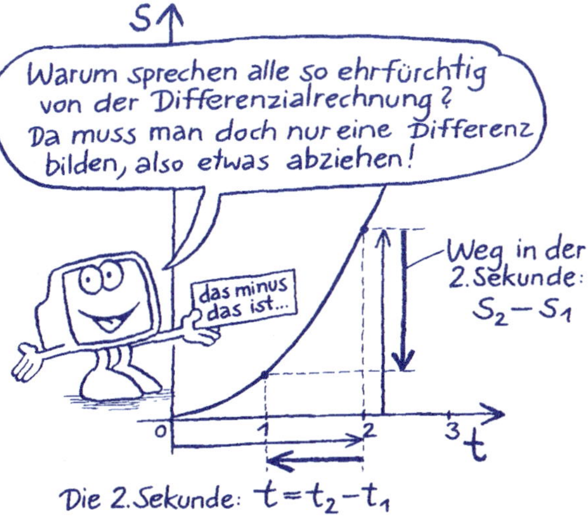

Geometrisch sind die durchschnittlichen Geschwindigkeiten die Steigungen der zugehörigen Sekanten. Eine Sekante schneidet eine Kurve in zwei Punkten. Hier siehst du an der Zeichnung, dass für jedes Wegstück eine andere Durschnittsgeschwindigkeit herauskommt. Denn die Steigungen der Sekanten sind verschieden.

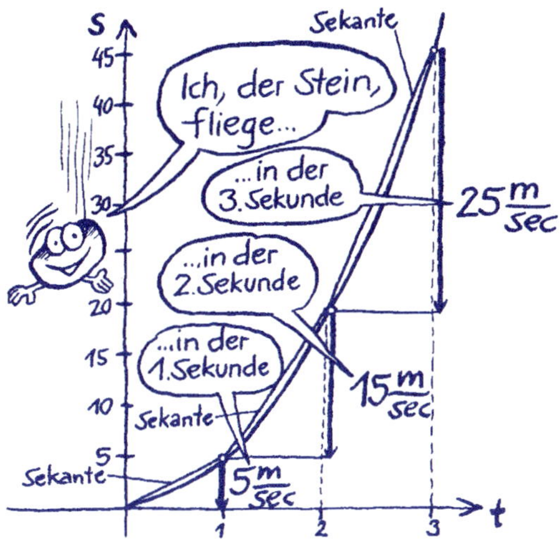

Um die Durchschnittsgeschwindigkeit für beliebige Abschnitte der Fallstrecke zu berechnen, stecken wir das in diese schicke Formel:

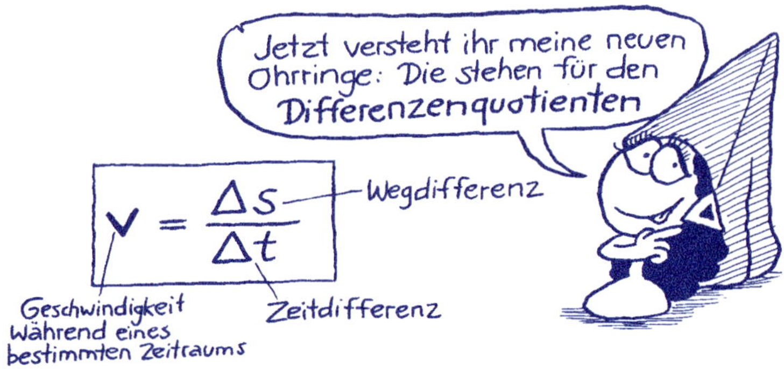

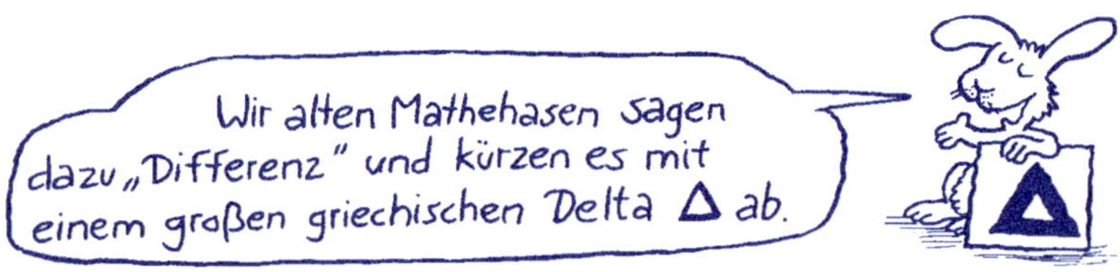

Interessant wäre zu wissen, welche momentane Geschwindigkeit der Stein an einem bestimmten Punkt hat – am reizvollsten ist dabei die Frage, mit welchem Tempo er auf dem Boden auftrifft. Selbst wenn Galileo Galilei schon Stoppuhren und genaue Entfernungsmessgeräte gehabt hätte – das hätte er nicht berechnen können. Wie man so etwas rechnet, war Newton und Leibniz vorbehalten.

Mit der Frage der Momentangeschwindigkeit kommt die Mathematik an einen entscheidenden Punkt. Der **Differenzenquotient** gibt die durchschnittliche Geschwindigkeit für einen bestimmten Zeitraum an:

$$v = \frac{\Delta s}{\Delta t}$$

Stell dir vor, du untersuchst einen winzig kleinen Zeitraum der Flugstrecke des Steins.

Wie mit einem Supermikroskop fährst du auf einen bestimmten Streckenabschnitt der Kurve zu. In der wirklichen Welt wäre bei den Atomen Schluss, aber in meiner mathematischen Welt hat die Kurve auch im unendlich kleinen Mikrokosmos immer noch eine Steigung.

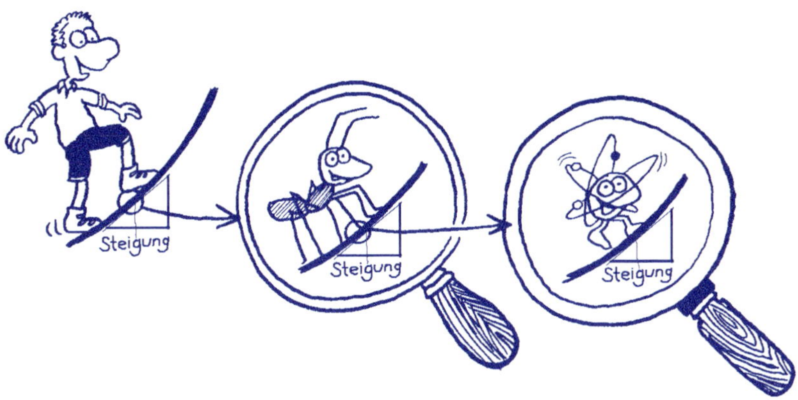

Rechnen wir das jetzt mal praktisch aus für das Ende der 3. Sekunde, wenn der Stein (aufgerundet) 45 Meter tief gefallen ist:

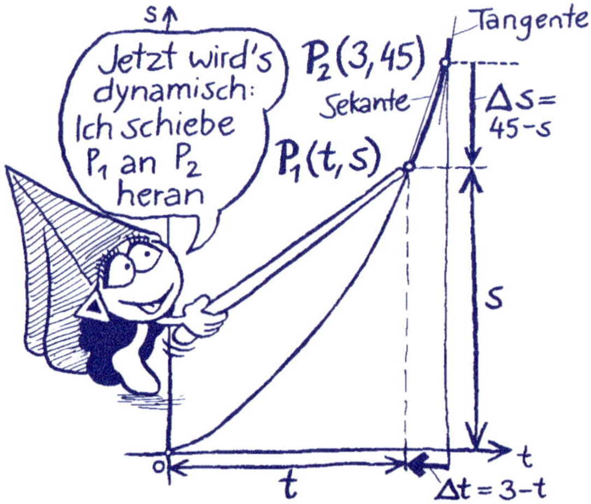

Diesen Punkt P_2 (mit den Koordinaten 3 und 45) steckst du auf der Kurve fest. Einen weiteren Punkt P_1 (mit den Koordinaten *t* und *s*) lässt du variabel. Anschließend berechnest du die Durchschnittsgeschwindigkeit zwischen diesen beiden Punkten.

Setzt du P_1 auf den Startpunkt (Koordinaten 0, 0) ergibt sich als Durchschnittgeschwindigkeit 15 m/s, das ist das Durchschnittstempo in den ersten 3 Sekunden. Setzt du P_1 auf die 1. Sekunde, ist die Durchschnittgeschwindigkeit 20 m/s, usw. Je näher du *t* bei 3 wählst (und damit automatisch *s* in der Nähe von 45), umso näher kommst du der Momentangeschwindigkeit, die der Stein nach 45 m freiem Fall erreicht. Die Schieberei kennst du schon – das ist eine Grenzwertberechnung.

Das ist der **Grenzwert des Differenzenquotienten**, den wir schon kennen. Im Zähler steht die Wegdifferenz und im Nenner die Zeitdifferenz. Wir machen nun die Zeitdifferenz ganz klein; wir lassen sie sogar gegen Null gehen.

$$\lim_{t \to 3} \frac{45-s}{3-t}$$

Dann wird aber auch die Wegdifferenz gegen Null gehen, weil der Weg durch das Gesetz von Galilei (in gerundeter Form) an die Zeit gekoppelt ist.

$$s = 5 \cdot t^2$$

Du erkennst das, wenn wir dieses Gesetz im Limes verwenden und einsetzen.

$$\lim_{t \to 3} \frac{45-5 \cdot t^2}{3-t}$$

Das Verblüffende ist, dass der Quotient aus Zähler und Nenner, obwohl beide gegen Null gehen, eine ganz „normale" Zahl – den Grenzwert – ergibt, wie du gleich sehen wirst.

Der Physiker würde das so ausdrücken: Dieser Grenzwert lässt den Punkt $P_1(t, s)$ in den Punkt $P_2(3, 45)$ rutschen. Damit wird die Durchschnittsgeschwindigkeit (die Steigung der Sekante) zur Momentangeschwindigkeit (zur Steigung der Tangente in P_2). Je näher der Punkt P_1 an P_2 heranrückt, desto kleiner wird der Unterschied zwischen Sekante und Tangente.

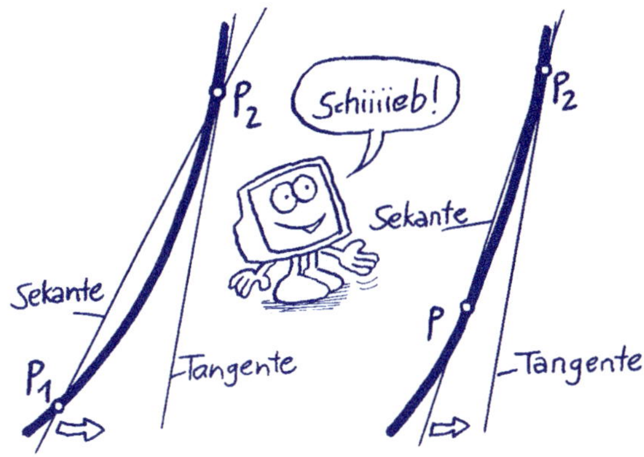

Für die **Momentangeschwindigkeit** müssten wir für t den Wert 3 einsetzen, damit würde aber der Nenner 0. Division durch Null macht keinen Sinn – das wissen wir schon lange. Jetzt sind wir an dem Punkt, an dem erst Newton weiterhelfen konnte.

Newton (und Leibniz) erkannten, dass der Fall nicht hoffnungslos ist, weil der Zähler zugleich mit dem Nenner 0 wird.

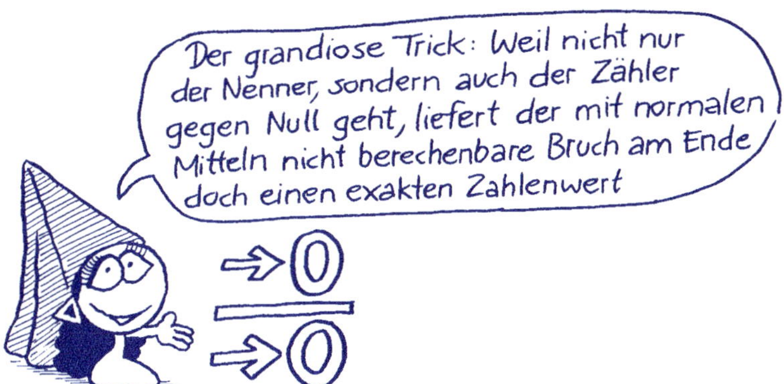

Neben dieser fast schon philosophischen Idee brauchen wir noch den Rechentrick, der den Ausdruck so umformt, dass wir gar keine Division durch Null mehr haben.

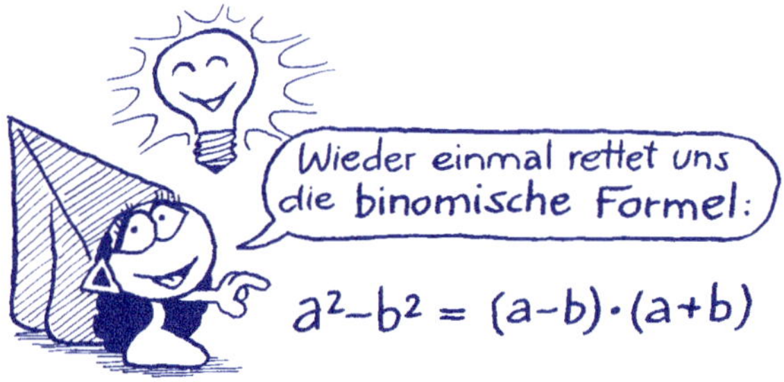

Weil wir die Galilei-Formel aufgerundet haben, lässt sich das besonders elegant rechnen. Es funktioniert aber auch mit der Originalzahl, nur werden die Ergebnisse ganz schön krumm. Hier also die elegant-ungenaue Lösung:

$$\frac{45-5\cdot t^2}{3-t}=\frac{5\cdot(9-t^2)}{3-t}=\frac{5\cdot(3-t)\cdot(3+t)}{3-t}$$

Der Ausdruck $3-t$ lässt sich nun herauskürzen, der Nenner verschwindet ganz, das Problem mit der Teilung durch Null hat sich erledigt.

$$\lim_{t\to 3} 5\cdot(3+t)=30\,\frac{m}{sec}$$

Nun dürfen wir für t einfach den Wert 3 einsetzen und haben damit das Problem gelöst. Der Stein erreicht nach 3 sec die Maximalgeschwindigkeit von 30 m/sec, das sind („30 mal 3,6“) stolze 108 km/h (exakt mit 4,905 gerechnet wären es auch immer noch 105,95 km/h).

Wir haben hier die Rechnung für $t = 3$ (und $s = 45$) durchgeführt. Du hättest aber auch jede andere Zeit (oder jeden beliebigen Weg) nehmen können, wenn du nur die richtigen Zahlen und Variablen in die allgemeine Formel einsetzt.

$$\lim_{\Delta t \to 0} \frac{\Delta s}{\Delta t} = \frac{ds}{dt}$$

Der Ausdruck rechts (gesprochen: ds nach dt) wird als **Differenzialquotient** des Weges $s(t)$ nach t bezeichnet.

In diesem Differenzialquotienten stecken zwei kleine Wunder. Das erste Wunder: Auch wenn „ds nach dt" so aussieht wie ein normaler Bruch, ist es eigentlich keiner mehr. Leibniz hat diese Schreibweise gewählt, um an den Bruch zu erinnern, aus dem der Wert (in unserem Fall 108 km/h) als Grenzwert hervorgegangen ist. Das zweite Wunder: Der Differenzialquotient ist nicht bloß ein Näherungswert oder eine Schätzung, sondern ein ganz klares Ergebnis. Deshalb kann man sich auf die Ergebnisse der Differenzialrechnung verlassen – unverzichtbar für die praktische Anwendung in Technik und Wissenschaft.

Die Wunder der Differentialrechnung kannst du dir am Beispiel vom fallenden Stein (das ja nur eines von Millionen Beispielen ist) gut verdeutlichen: Mit dem Differenzialquotienten lässt sich die Geschwindigkeit eines Steins für einen Moment, der eigentlich keine Ausdehnung in Zeit und Weg hat, exakt bestimmen. Physikalisch gesehen geht das gar nicht, denn ein Stein kann ja nur eine Geschwindigkeit haben, wenn er einen Weg zurücklegt. Wir Mathematiker aber können sozusagen für ein Standfoto des fallenden Steins die momentane Geschwindigkeit des fotografierten Steins exakt bestimmen. Ist doch toll, oder?

Beispiel 9.1: Der Bungee-Jumper

Diese neue Grenzwertmethode löste im 18. Jahrhundert eine stürmische Entwicklung der Mathematik, der Physik, der Chemie und aller technischen Wissenschaften bis hin zur Wirtschaftswissenschaft aus. Auch das Beispiel mit dem Bilderrahmen des Malers in Kapitel 4 lässt sich erst mit den Methoden der Differenzialrechnung wirklich exakt lösen.

Wenn eine neue Rechenmethode erfunden wurde, erhebt sich sofort die Frage: Kann man sie auch umkehren? So entstand schon aus der Umkehrung der Addition die Subtraktion, aus der Multiplikation die Division etc. Aus dem Differenzieren entstand durch Umkehrung das Integrieren. Es verschaffte wieder Zugang zu vielen verblüffenden Erkenntnissen über die Natur und ihre Gesetze. Erst die Integralrechnung ermöglichte die Entwicklung der Statistik, ohne die heute weder die Technik noch die Wirtschaft denkbar wären. Weil sich die Mathematik ständig weiter entwickelt, kann ein Mathematikbuch nie ein Ende haben. Wir müssen einfach irgendwann einen Schlusspunkt setzen. Na, und den setzen wir jetzt ...

Kapitel 10

ZUM AUSPROBIEREN

Beispiele mit Lösungen

Praxistraining

Den ausführlichen Lösungsweg zu den nachfolgenden Beispielen findest du im Internet unter www.pearson-studium.de.

Beispiel 1.1: Teilung auf Arabisch

Zwei Araber in der Wüste lassen sich zum Abendmahl nieder. Der eine hat drei, der andere zwei Brote dabei. Bevor sie noch beginnen, taucht – völlig erschöpft – ein Fremder auf. Ich habe zwar noch etwas Geld, aber nichts mehr zu essen, berichtet er.

Die beiden Araber beschließen, den Essensvorrat gerecht zu teilen; jeder isst gleichviel und alle drei werden satt. Der Fremde gibt den beiden Arabern fünf Münzen und zieht weiter. Sie drehen die Münzen unschlüssig hin und her. Der mit den zwei Broten meint, man sollte das Geld entsprechend der beigesteuerten Brote aufteilen. Er behält daher zwei Münzen. Der andere protestiert. Der herbeigerufene Kadi gibt dem einen vier, dem anderen eine Münze.

Hat der Kadi Recht?

Lösung: Der Kadi ist ein kluger Mann, denn jeder isst 5 Drittel-Brote. Der mit den zwei Broten (= 6 Drittel-Brote) hat dem Fremden 1 Drittel-Brot abgegeben, der mit den drei Broten aber 4 Drittel-Brote.

Beispiel 1.2: Aufteilung einer Erbschaft

Drei Neffen beerben ihren Onkel zu gleichen Teilen. Da nur Sachgüter zu verteilen sind, beschließen sie, dass jeder den Verkauf eines Teils der Güter übernimmt. Ebenso teilen sie die

Kosten für Organisation, Begräbnis etc. auf. Dadurch hat jeder Einnahmen und Ausgaben. Der erste 1100 Einnahmen und 300 Ausgaben; der zweite 400 und 500, der dritte 700 und 200.

Wer bekommt von wem wie viel Geld, damit die Erbschaft gerecht geteilt ist?

Lösung: Hier gibt es keine Patentlösung, sondern es muss eine Art Bilanz erstellt werden: Die Gesamteinnahmen sind 1200, jedem stehen 400 vom Erbe zu. Deshalb muss der erste 400, der letzte 100 abgeben. Der mittlere bekommt 500.

Beispiel 1.3: Erbschaft mit Euter

Ein Bauer hat drei Söhne und 19 Kühe. Er stirbt und hinterlässt ein verwirrendes Testament. Darin steht: Der älteste Sohn solle die Hälfte, der mittlere ein Viertel und der jüngste Sohn ein Fünftel seiner Kühe bekommen.

Die Brüder streiten fürchterlich über die Aufteilung, weil keiner die Kühe schlachten und halbieren will. Der arme Nachbar, der nur eine einzige Kuh besitzt, hört den Streit und lässt sich berichten. Er denkt kurz nach, dann holt er seine Kuh, stellt sie als zwanzigste Kuh dazu und fordert die Brüder auf, nun die Teilung vorzunehmen. Der Älteste nimmt sich zehn, der Mittlere fünf und der Jüngste vier Kühe. Der Nachbar führt seine Kuh wieder nach Hause und alle sind zufrieden! Ein kluger Nachbar ist Goldes wert!

Welche geheimen Rechenkünste ließen den Nachbarn auf diesen simplen Trick stoßen?

Lösung: Der schlaue Nachbar beherrscht das Bruchrechnen. Nicht aber der alte Bauer, denn die Summe der Brüche für die Aufteilung ergibt nicht 1.

Beispiel 2.1: Wie weit ist es von der Erde bis zur Sonne?

Holger liest in einem Artikel: Der Erddurchmesser beträgt 12 713 507 m und die Entfernung der Erde von der Sonne ist 149 597 870 km. Es interessiert ihn, wie viel Erddurchmesser die Erde ungefähr von der Sonne entfernt ist. Er schätzt kurz ab und weiß, dass mehr als 10 000 Erden in den Abstand zur Sonne passen.

Wie hat er das gemacht?

Lösung: Der Erddurchmesser ist etwa 10^7 m. Die Sonnenentfernung etwa 10^8 km, das sind in m noch mal 3 Zehnerstellen mehr, also Exponent plus 3, das ergibt 10^{11} m. Bei der Division werden die Exponenten abgezogen: $11 - 7 = 4$. 10^4 sind 10000 Erddurchmesser.

Beispiel 3.1: Deine Daumenbreite als Entfernungsmessgerät

Du hast mit ein paar Freunden eine Bergtour unternommen. Alle sind schon müde. Da taucht in einiger Entfernung die Berghütte vor euch auf und nur eine Frage interessiert:

Wie weit ist es bis zur Hütte?

Bei größeren Entfernungen ist der Daumensprung unpraktisch. Schätze dann lieber mit einem Auge, welche Strecke deine Daumenbreite abdeckt. Nimm folgende Maße an: Daumenbreite 2,5 cm, Armlänge 62,5 cm, vom Daumen abgedeckte Breite (dreifache Breite der Hütte) ca. 90 m.

Lösung: Das Verhältnis von Armlänge zu Daumenbreite ist 1 zu 25. Die Hütte ist 25 mal 90, also ca. 2250 m entfernt.

Beispiel 3.2: Die Kunst der ägyptischen Pyramidenbauer - weitere Knotenschnüre

Wir wundern uns heute, wie exakt die ägyptischen Baumeister den rechten Winkel beim Pyramidenbau einhalten konnten. Wahrscheinlich kannten sie neben 3, 4 und 5 noch andere ganzzahlige Zahlentripel, die geknotet einen rechten Winkel ergeben.

Welche Zahlentripel gibt es noch?

Lösung: 5, 12, 13 und viele (sogar unendlich viele) andere Tripel.

Beispiel 3.3: Die Möndchen des Hippokrates

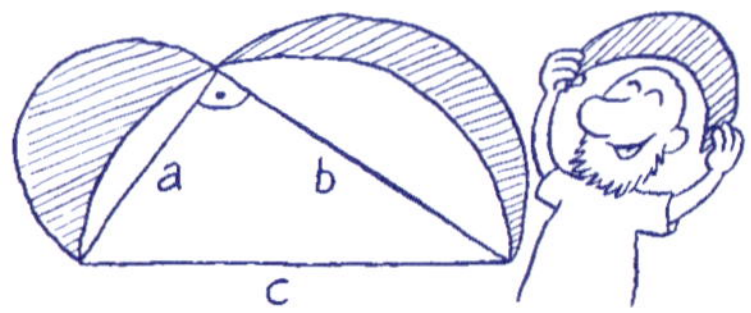

Hippokrates hat über allen drei Seiten eines rechtwinkeligen Dreiecks Halbkreise gezogen. Dadurch entstanden zwei „Monde".

Welche Gesamtfläche haben sie?

Lösung: Die Fläche des Dreiecks. Der Witz bei der Gleichung ist, dass sich π wegkürzen lässt.

Beispiel 4.1: Kann eine lineare Funktion $y = a \cdot x + b$ jede beliebige Gerade auf dem Zeichenblatt darstellen?

Kannst du eine Gerade parallel zur x-Achse oder parallel zur y-Achse so beschreiben? Welche Besonderheit hat die „erste Mediane" $y = x$? Welche gemeinsame Eigenschaft haben alle Geraden der Form $y = a \cdot x$ („homogene" lineare Funktionen)?

Gibt es zu jeder Geraden einen Zahlenwert für a und b?

Lösung: Die Geraden der Form $y = a \cdot x$ haben je nach dem Wert von a verschiedene Steigungen. Das sieht so aus, als säße ein Igel mit unendlich langen Stacheln im Ursprung des Koordinatensystems. Mit b verschiebt sich der Igelbauch lediglich in y-Richtung. Die einzigen Geraden, die sich so nicht beschreiben lassen, sind die Parallelen zur y-Achse, denn sie müssten eine unendlich große Steigung haben.

Beispiel 4.2: Wie man eine Wurzel aus dem Nenner eines Bruchs wegzaubert?

In einer Rechnung haben sich die Ausdrücke $\frac{1}{\sqrt{x}}$ und $\frac{x}{\sqrt{x}}$ ergeben.

Versuche, diese Brüche ohne Wurzel im Nenner darzustellen.

Lösung: Erweitere die Brüche mit der Wurzel, die im Nenner steht.

Beispiel 5.1: Der vergessliche Hotelier

Der Hotelier meldet im Fremdenverkehrsverband, dass er 19 Zimmer mit 32 Betten frei hat. Er hat allerdings vergessen zu melden, wie viele Einzel- und wie viele Doppelzimmer das sind. Muss der Fremdenverkehrsverband rückfragen?

Muss der Fremdenverkehrsverband rückfragen?

Lösung: Nein, muss er nicht – gleichgültig, wie viele freie Betten das Hotel meldet. Im Fremdenverkehrsamt setzt man für die Anzahl der Doppelzimmer x. Die Anzahl der Einzelzimmer ist also $19 - x$, das sind auch $19 - x$ Einzelbetten. In jedem Doppelzimmer sind 2 Betten, die dadurch $2 \cdot x$ Betten zur Gesamtbettenzahl beitragen. Die Gleichung lautet: $32 = 2 \cdot x + (19 - x)$. Der Hotelier hat demnach 13 Doppel- und 6 Einzelzimmer.

Beispiel 5.2: Haben alle Gleichungen auch eine Lösung?

Was ist etwa mit der Gleichung $(x - 3)^2 = (x - 2)(x - 4)$ los?

Lösung: Wenn du die Klammern mit Hilfe der binomischen Formeln und dem Distributivgesetz auflöst, steht da:

$x^2 - 6 \cdot x + 9 = x^2 - 2 \cdot x - 4 \cdot x + 8$

Subtraktion von x^2 und Addition von $6 \cdot x$ auf beiden Seiten zeigt, dass die Gleichung einen Widerspruch beinhaltet. Kein x, das du einsetzt, kann verhindern, dass $9 = 8$ (oder was dasselbe ist $1 = 0$) herauskommt. Es gibt also keinen Wert für x, so dass links und rechts der Gleichung wirklich das Gleiche steht.

Die Gleichung hat keine Lösung!

Beispiel 5.3: Wie weit bin ich vom Gewitter entfernt?

Die alte Regel lautet: Zähle die Sekunden zwischen Blitz und Donner und dividiere diese Zahl durch 3. Das Ergebnis gibt an, wie viel km du vom Blitz entfernt bist. Angenommen, du zählst zwischen Blitz und Donner exakt 3 Sekunden, dann bist du nach der Regel 1 km vom Gewitter entfernt.

Kannst du aus dieser Regel angenähert die Schallgeschwindigkeit bestimmen?

Tipp: Der Schall breitet sich aus nach dem Gesetz: Weg des Schalls = Schallgeschwindigkeit mal Zeit ($s = v \cdot t$).

Lösung: $s =$ 1000 m geteilt durch 3 Sekunden, das wären 333 m/s. Bei einer Lufttemperatur von 4 Grad Celsius ist das sogar der exakte Wert. Bei 18 Grad steigt die Schallgeschwindigkeit auf 342 m/s.

Beispiel 5.4: Möchtest du wissen, wie die Mitternachtsformel entstanden ist?

Lösung: Die ist nun wirklich ziemlich umfangreich, so dass wir dich auf unsere ausführliche Anleitung im Internet verweisen müssen. Ein Tipp für den Anfang: Dividiere die Gleichung durch A und versuche dann eine quadratische Ergänzung.

Beispiel 5.5: Galileo Galilei und der schiefe Turm zu Pisa

Es ist zwar eine Legende, aber sie hält sich hartnäckig. Galileo Galilei soll durch Fallenlassen von Steinen am schiefen Turm von Pisa das Gesetz für den „freien Fall" entwickelt haben. Ob der Turm die entscheidende Rolle gespielt hat, bleibe dahingestellt; fest steht: Er hat das Gesetz entdeckt: $s = \frac{g}{2} \cdot t^2$ mit der Erdbeschleunigung $g = 9{,}81\ m/s^2$.

Wie lange braucht ein Stein, um 35 m tief zu fallen?

Lösung: Der Stein benötigt 2,671 Sekunden.

Beispiel 5.6: Ein Sportclub möchte es seinen Zuschauern bequem machen

Ein Sportplatz hat ein rechteckiges Feld mit 120 m Länge und 100 m Breite. Der Club möchte gern für die Zuschauer rundum einen Randstreifen reservieren, der überall gleich breit sein soll. Dieser Bereich soll aber nur ein Drittel der Gesamtfläche brauchen.

Wie breit wird dieser Streifen?

Lösung: Der Ansatz lautet: $(120-2\cdot x)\cdot(100-2\cdot x) = 8\,000$

Wir dürfen einen 10 m breiten Randstreifen rundherum abzwacken.

Beispiel 5.7: Ein Angestellter des Milchhofs hat bezüglich der Handlichkeit eine noch bessere Idee

Damit die Milchpackung für große und kleine Hände gut fassbar ist, möchte er die Grundfläche nicht quadratisch, sondern rechteckig machen. Das Seitenverhältnis dieses Rechtecks soll 5 : 7 sein.

Welche Dimension hat die Packung?

Lösung: $b = 13{,}808$ oder $10{,}155$; $a = 9{,}863$ oder $7{,}254$; $h = 7{,}343$ oder $13{,}576$

Beispiel 5.8: Kosten und Gewinn – ein heikler Balanceakt

Eine Firma, die Holzbearbeitungsmaschinen produziert, hat einen Praktikanten eingestellt. Die erste Aufgabe, die ihm gestellt wird, reißt ihn fast vom Stuhl.

Für eine bestimmte Maschine hat die Firma nach langjähriger Erfahrung folgende Kostenfunktion aufgestellt:

$K(x) = 0{,}00012\cdot x^3 + 0{,}20\cdot x + 60$

Diese Funktion beschreibt die Produktionskosten K in Abhängigkeit von den produzierten Mengeneinheiten x. Bisher wurde jede Mengeneinheit für 1,80 Taler verkauft. Nun soll der Preis auf 1,90 Taler angehoben werden. Die Aufgabe, die dem Praktikanten gestellt wurde, lautet:

Kannst du die Gewinnschwelle berechnen?

1. Tipp: Die Gewinnschwelle ist jene Produktionsmenge, bei der sich die Kosten und der Erlös die Waage halten.

2. Tipp: Der Erlös ist das Produkt aus der verkauften Menge mit dem Preis.

Lösung: Heraus kommt eine Gleichung mit x^3 und allem Komfort:
$- 0{,}00012 \cdot x^3 + 1{,}70 \cdot x - 60 = 0.$
Durch die numerische Methode erhältst du die Nullstelle. Die Gewinnschwelle liegt bei 39,72 Talern.

Beispiel 6.1: Die Vermehrung der Ameisen in Bayern

Die Ameisenzählung in Bayern ergab im Jahr 2003 ca. $0{,}412995 \cdot 10^{15}$ Ameisen. Wir wissen, dass sie eine Geburtenrate von 12% pro Jahr und eine Sterberate von 10% pro Jahr haben. In den 10% sind all die Ameisenmännchen enthalten, die nach der Paarung nicht mehr gefüttert werden, da sie nicht mehr gebraucht werden.

Wie viele Ameisen gab es im Jahr 2002?

Können wir sagen, dass die Ameisenbevölkerung um 2% wächst, und uns dadurch die Rechnung vereinfachen?

Wächst eine Bevölkerung, die eine Geburtenrate von 11% und eine Sterberate von 10% hat?

Lösung: Es waren $0{,}409717 \cdot 10^{15}$ Ameisen.

Die Antworten auf Fragen 2 und 3 sind eine schöne Anwendung der Vermehrungs- und Verminderungsfaktoren. Frage 2: 1,02 und $1{,}12 \cdot 0{,}9 = 1{,}008$ sind nicht dasselbe.

Frage 3: Die Bevölkerung wächst nicht, weil gilt: $1{,}11 \cdot 0{,}9 = 0{,}999$

Beispiel 6.2: Fit werden mit der Mehrwertsteuer

1. Der Tischler hat für eine Reparatur 2,5 Stunden veranschlagt und einen Netto-Stundenlohn von 46,00 Taler angegeben.

Wie hoch wird die Rechnung werden, wenn 16% Mehrwertsteuer dazukommen?

Lösung: Der Vermehrungsfaktor, mit dem der Nettobetrag zu multiplizieren ist, ist 1,16. Damit ergibt sich ein Bruttowert von $2{,}5 \cdot 46 \cdot 1{,}16 = 133{,}40$ Talern.

2. Otto kann insgesamt 364,00 Taler Mehrwertsteuer (16%) abschreiben .

Wie hoch war die Summe der Rechnungsbeträge?

Lösung: Summe der Rechnungsbeträge: 2 639,00 Taler

3. Nach Abzug von 5% Rabatt und 3% Skonto und dem Zuschlag von 16% Mehrwertsteuer ergibt sich ein Bruttobetrag von 11 254,00 Taler.

Welcher Nettobetrag war der Ausgangswert?

Lösung: Nettobetrag: 10 528,19 Taler

4. Ein Abendessen kostet inkl. MWSt. (16%) 234,90 Taler. Auf der Rechnung muss die Mehrwertsteuer gesondert ausgewiesen werden.

Wie hoch ist die Mehrwertsteuer?

Lösung: Mehrwertsteuer: 32,40 Taler

5. Ein Kaufmann wirbt mit „Bei uns bezahlen Sie keine Mehrwertsteuer!“

Wie viel % Rabatt muss er gewähren, um die Mehrwertsteuer (16%) zu kompensieren?

Lösung: Der Kaufmann muss einen Rabatt von 13,79% abziehen.

Beispiel 6.3: Weißt du, was eine „ewige" Rente ist?

Du hast 1 000 000,00 Taler und legst das Geld in einer Bank zu 4,25% ein.

Wie viel Geld kannst du am Ende jedes Jahres abheben, wenn das Kapital dabei nicht schrumpfen soll (ewige Rente)?

Lösung: Die Rente beträgt 42 500,00 Taler. Es ist wirklich so einfach: Wenn das Kapital erhalten bleiben soll, darfst du immer nur die Zinsen abheben und verjubeln!

Beispiel 6.4: Der ganz normale Wahnsinn bei Geschäften mit der Bank!

Bringe 100 000 Taler auf die Bank und leih dir zugleich 100 000 Taler aus. Wenn wir irrealerweise annehmen, dass die Bank in beiden Fällen 5% Zinsen verrechnet, dann sieht das so aus, als wärest du pari.

Leider stimmt das nur heute, morgen bist du schon ärmer. Das liegt daran, dass Banken beim Geldausleihen quartalsmäßig, beim Anlegen von Geld aber jährlich verzinsen.

Welchen Verlust hast du nur durch die unterschiedlichen Zinsperioden in 10 Jahren erlitten?

Lösung: Der Unterschied beträgt 1472,48 Taler. Die Differenz ist für einen Einzelnen nicht schrecklich viel, aber in der Menge macht sich das für eine Bank in höchst angenehmer Weise bemerkbar.

Beispiel 6.5: Wie lange dauert es, bis sich dein Erspartes verdoppelt?

Wie lange dauert es, bis sich 1000 Taler bei 4% und jährlicher Verzinsung verdoppelt haben?

1. Tipp: Zu lösen ist die Gleichung: $K_n = K_0 \cdot 1{,}04^t$

2. Tipp: Orientiere dich beim Lösen der Gleichung am Beispiel mit der Gletscherleiche.

3. Tipp:. $K_n = 2 \cdot K_0$

Lösung: Es dauert 17,673 Jahre.

Beispiel 6.6: Wie Zasterix die stetige Verzinsung exakt berechnet

Wie kommt der Wachstumsfaktor 0,02 wieder in das Gesetz hinein?

Den Lösungsweg findest du im Internet.

Beispiel 6.7: Wie hängen Zerfallskonstante und Halbwertszeit zusammen?

Woher kommt der geheimnisvolle Faktor 0,7 im Zerfallsgesetz?

Den Lösungsweg findest du im Internet.

Beispiel 7.1: Wie kannst du die Höhe eines Turms bestimmen, ohne auf ihm herumzuklettern?

Waagrecht vor dir ragt ein Turm in den Himmel. Du möchtest seine Höhe h wissen. Was du brauchst, ist ein langes Maßband und ein Gerät zum exakten Messen von Winkeln. Du markierst einen Punkt A, gehst direkt auf den Fußpunkt des Turms zu und markierst einen zweiten Punkt B. Ihre Entfernung hast du gemessen; es waren 20 m. Von beiden Punkten aus hast du die Spitze S des Turmes angepeilt und die Winkel zur Waagrechten bestimmt: $\alpha = 45$ Grad und $\beta = 53$ Grad.

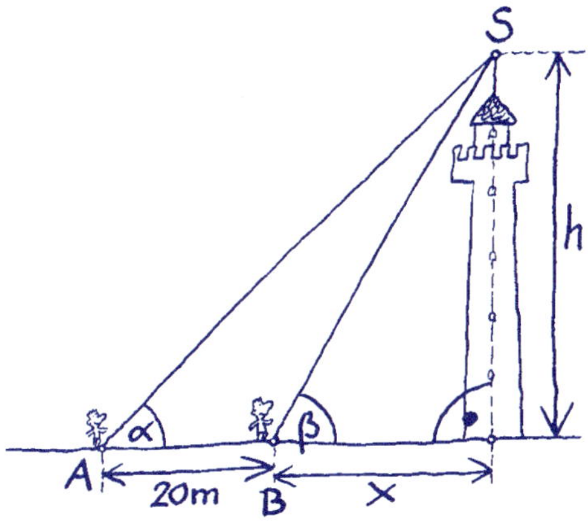

Ist es möglich, aus diesen Daten die Höhe des Turms zu bestimmen?

Lösung: Ja, die Höhe beträgt: 81,154 m

Beispiel 7.2: Wir eichen einen Öltank

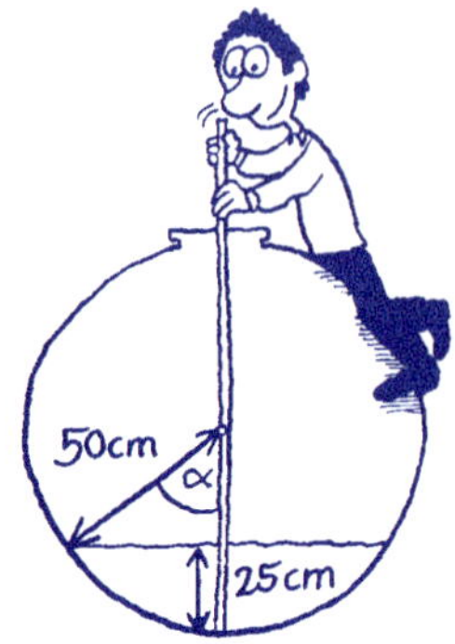

Ein Öltank hat die Form eines liegenden Zylinders mit der Länge 5 m und einem Kreisdurchmesser von 1 m. Der Füllstand ist nur mit einem Stab kontrollierbar, den man senkrecht in den Tank steckt. Da der Stab keine Markierung trägt, kann man nicht genau sagen, wie viel Öl im Tank ist. Am Stab lässt sich abmessen, dass das Öl im Augenblick bis 25 cm über dem Boden steht.

Welcher prozentuellen Füllung entspricht das?

Tipp: Das Zylindervolumen berechnet sich aus Grundfläche (Kreis) mal Höhe.

Lösung: Der prozentuelle Anteil der Füllung ist: 19,55%

Beispiel 8.1: Versuche, alle geraden Zahlen zwischen 2 und 100 zu addieren!

Welche Reihe bilden diese Zahlen?

Lösung: Die Summe beträgt: 2250

Beispiel 8.2: Wie ein schlauer Schüler nach Gauß-Vorbild die Inventur der Bodenbeläge-Abteilung in einem halben Tag geschafft hat

Ein Gymnasiast verbrachte seine Weihnachtsferien in einem Betrieb, der Kunststoffbodenbeläge verkaufte. Er sollte bei der Inventur helfen. Verdrossen wickelte er Stoffballen ab und maß mit dem Meterstab die verbliebene Stofflänge. Unangenehm wurde es erst bei den PVC-Böden. Um einen Holzkern von 10 cm Durchmesser war ein Belag von 4 mm Dicke bis zu einem Außendurchmesser von 46 cm aufgewickelt. Da fiel ihm Gauß ein.

Wie konnte der hier helfen?

Lösung: Er zählte die Anzahl der Lagen und errechnete die innerste und die äußerste Schicht (angenähert als Kreise). So kam er auf eine Reihe, deren Summe er nach der Gauß-Formel berechnen konnte: Die gesuchte Länge ist ca. 39,6 m.

Beispiel 8.3: Der amerikanische Weg, sein Studium zu finanzieren

Wenn man in den USA an einer renommierten Universität studieren will, braucht man entweder einen reichen Vater oder Risikobereitschaft. Ein wenig begüterter 18-Jähriger riskiert etwas und macht folgenden Deal mit einem Geldinstitut: Er bekommt 5 Jahre lang im Voraus pro Jahr $R = 12\,000$ Taler (natürlich amerikanische), dann hat er 3 Jahre lang Zeit, viel Geld zu verdienen. Am Ende des 8. Jahres nach Beginn des Studiums muss er den gesamten Betrag zurückzahlen. Die Bank gibt ihm das Geld für 4% Zinsen bei jährlicher Zinsperiode.

Welchen Betrag zahlt der Student?

Tipp: Verzinse jede der fünf Raten bis zum Ende des achten Jahres.

Lösung: Der Student muss 76 035,98 Taler an die Bank zahlen.

Beispiel 9.1: Der Bungee-Jumper

Denk dir, ein Bungee-Jumper springt von der Europabrücke. Das Gesetz, nach dem er sich bewegt, zumindest solange das Seil sich noch nicht spannt, kennst du bereits vom Herrn Galileo Galilei: $s = \frac{g}{2} \cdot t^2$

Wenn das Seil z.B. 80 m lang ist, braucht er ziemlich genau 4 Sekunden im freien Fall, dann wird er durch das Seil gebremst.

Tipp: Rechne wieder mit $g = 10\ \text{m/s}^2$.

Ich frage dich, welche maximale Geschwindigkeit erreicht er?

Lösung: Am Ende erreicht der Bungee-Jumper stolze 144 km/h. Dabei wird deutlich, dass das Risiko solcher Sportarten mit der Fallhöhe gewaltig ansteigt.

Stichwortverzeichnis

T

U

V

W

Z

...